SUPERサイエンス

セラミックス驚異の世界

名古屋工業大学名誉教授
齋藤勝裕 Saito Katsuhiro

C&R研究所

■本書について

●本書は、2020年12月時点の情報をもとに執筆しています。

●本書の内容に関するお問い合わせについて

この度はC&R研究所の書籍をお買いあげいただきましてありがとうございます。本書の内容に関するお問い合わせは、「書名」「該当するページ番号」「返信先」を必ず明記の上、C&R研究所のホームページ(https://www.c-r.com/)の右上の「お問い合わせ」をクリックし、専用フォームからお送りいただくか、FAXまたは郵送で次の宛先までお送りください。お電話でのお問い合わせや本書の内容とは直接的に関係のない事柄に関するご質問にはお答えできませんので、あらかじめご了承ください。

〒950-3122　新潟市北区西名目所4083-6
株式会社C&R研究所　編集部
FAX 025-258-2801
「SUPERサイエンス セラミックス驚異の世界」サポート係

はじめに

現代社会を支えるのは鉄だと言われます。そうでしょうか？　全てのマンションはコンクリート製です。道路も港湾も飛行場も、大規模な構造物は全てコンクリート製です。台所には色とりどりの陶磁器の食器とガラス器具が並びます。これらは全てセラミックスです。そればかりではありません。義歯や人工関節、さらには化粧品、驚くことには食品にまでセラミックスが活躍しています。

セラミックスは今や巨大な物から微小な物まで現代社会の隅々にまで浸透しているのです。その意味で現代は鉄器時代ではなくセラミックス時代、あるいは新土器時代と言ってもいいのかもしれません。

本書は、この様なセラミックスの全てを優しく、わかりやすくご紹介しようという目的で作られたものです。セラミックスとは何だろう？　興味はあるが初めてなのでとっつきにくい。その様にお考えの方にピッタリの入門書です。

セラミックスがどのような物で、どのように役に立っており、将来どのように進歩していくのかということまでお楽しみ頂ければ大変に嬉しい事と存じます。

2020年12月

齋藤勝裕

CONTENTS

CONTENTS

CONTENTS

CONTENTS

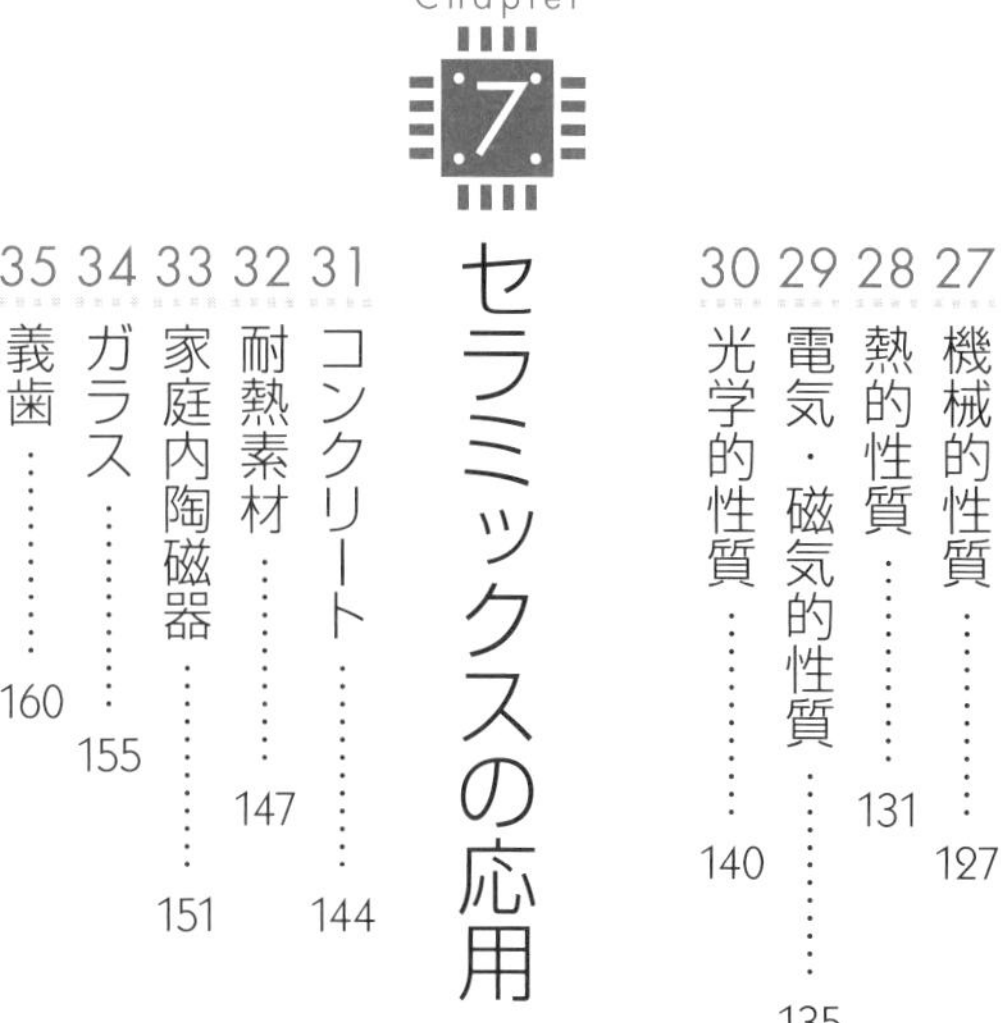

Chapter 7 セラミックスの応用

CONTENTS

Chapter 8

ファインセラミックス

Chapter 9

将来のセラミックス

Chapter. 1
セラミックスとは?

セラミックスって何？

セラミックスとは、熱処理を伴う金属以外の無機固体材料のことを言います。わかりやすい例で言えば、陶磁器やガラス、煉瓦等の事で、現代では金属やプラスチックと並ぶ三大構造材の一つとしてさまざまなものに使われています。

本章ではセラミックスの基本的なことを簡単におさらいしておきましょう。

現代社会の土台を作るセラミックス

セラミックスの身近な例はお茶碗、お皿などの陶磁器の食器、ガラスのコップ、お風呂のタイル、トイレの衛生陶器などがあります。しかしそれだけではありません。身の周りにある材料のうち、鉄やアルミなどの金属、プラスチックやナイロン、あるいは木材などの有機物を除いた材料が全てセラミックスなのです。

セラミックスが作るのはこの様な小さな生活雑貨だけではありません。家や高層ビル、橋梁や高速道路、岸壁や港の護岸、あるいは飛行場の滑走路などの巨大建造物を作るのもセラミックスです。セラミックスは現代社会の容器部分、つまり現代社会の土台そのものを作っているのです。

知的な働きをするセラミックス

セラミックスは茶碗などの容器や滑走路などの頑丈一点張りの構造物など、縁の下の力持ちの様な役割だけを担っているわけではありません。

●セラミックスは身の周りにたくさんある

現代科学産業製品の重要な機能的部分にも顔を出しています。例えば、砥石や研磨剤、製鉄で使用するフィルタ、原子力発電所から送られる高圧送電線に取り付けられている碍子(がいし)、自動車のエンジン等の点火プラグなどはセラミックスの最も得意とする分野です。

他にもテレビ、自動車の排気ガスの有害物質を除くための触媒の担体、パソコンや携帯電話等の基板などもあります。近年は、人工骨や人工関節、人工歯、あるいは包丁やハサミなどの切削工具、ロケットや人工衛星の宇宙用部品など多くの産業分野でセラミックスが利用されています。

●人工衛星

意外なところにあるセラミックス

ここまでにご紹介したセラミックスの用途から、セラミックスは硬くて、叩いても壊れないほど頑丈で、軟らかさと対極にある物と思うのではないでしょうか? ところが、意外な所にもセラミックスは活躍しているのです。

例えば、風邪をひいたときに飲む薬には、薬成分から胃の粘膜を守るためタルクというケイ酸塩セラミックス$Mg_3Si_4O_{10}(OH)_2$が使用されています。そして便秘薬には、薬成分として酸化マグネシウムMgOが含まれています。

また女性にとっては欠かせない化粧品の多くにも、タルクやセリサイト、酸化チタンTiO_2が利用されています。他にも、アイスクリームを溶けやすくするために使用される増粘剤等の食品添加物にもセラミックスは利用されています。

つまり、アイスクリームを舐めている時には同時にセラミックスも舐めているのだと思うと、セラミックスがいかに身近な物なのかがわかって頂けると思います。

セラミックスの特徴

セラミックスの主な特徴は耐熱性、耐摩耗性、絶縁性が優れているということです。しかしそれだけではありません。太陽光発電を可能にする電気的性質や、蛍光灯やＬＥＤ、有機ＥＬなどに利用される光学的性質も重要です。

耐熱性

セラミックスの大きな特徴は高い耐熱性にあります。よく使われるアルミナAl_2O_3でさえ、３０３０度、ホウ化チタンTiBは３９８０度まで耐えることができます。太陽の黒点がだいたい４０００度ですから大変な耐熱性と言うことができるでしょう。更にSiCやSi_3、SiAlONを用いれば太陽の表面温度である６０００度まで耐えることができます。

この耐熱性を活用したのが鉄などの金属を融かす高温炉です。セラミックスがないと製鉄もガラスもできないことになります。また不燃性の壁材やロケットや人工衛星などにも利用されています。小惑星「リュウグウ」の砂が入っているとみられるカプセルを持ち帰ることに成功した日本の小惑星探査機「はやぶさ2」にもセラミックスの部品が活躍しています。

機械的強度、高硬度、耐摩耗性

セラミックスは硬く耐摩耗性に優れています。炭化ケイ素SiCやアルミナセラミックス、ジルコニア(二酸化ジルコニウム)ZrO_2が良く知られています。炭化四ホウ素B_4Cはダイヤに次いで固い物質です。もちろん最高の物はダイヤモンドです。

この性質を利用した用途は研磨剤や研削工具です。最近では身近な道具のハサミや包丁で使われることも多くなりました。砂を砕く機械である砕石機で鉄を用いると、岩石に負けてすぐに摩耗してしまいますが、セラミックスではそのようなことはありません。

その他の性質

セラミックスにはこのほかに、絶縁性、伝導性、半導体性など、電気的な性質をたくさん持っています。この性質を利用して高熱の発熱体として利用されます。また磁性を持つ物もあり、それらはセラミックス磁石となります。ガラスの透明度に代表される光学的特性もあり、太陽電池などにも利用されています。

●ファインセラミックスのベアリング部材

元素記号

これまでに、高校時代に見た覚えのある元素記号らしいものが出てきたと、気づかれた方も多いでしょう。その通りです。セラミックスは化学物質です。化学物質ですから、原子や分子と密接な関係があります。しかし本書は決してセラミックスの専門書ではありません。「セラミックスって何だろう?」という素朴な疑問をお持ちの一般読者向けの本です。

ですから、原子や分子の話から始めることはしません。しかし、時にはその様な知識があった方が理解しやすいということがあります。そのため、分子式などが出てきたときには臨機応変で元素記号などの簡単な説明も入れたいと思います。

Mgはマグネシウムという金属を表す元素記号です。マグネシウムは豆腐のニガリ(硫酸マグネシウム$MgSO_4$)や植物の葉緑素に含まれ、最近ではアルミニウム(元素記号Al)と混ぜ併せて軽くて丈夫なマグネシウム合金として自動車のホイールやノートパソコンの外装などに使われています。

Siはケイ素(シリコン)です。ケイ素は酸素と結合して二酸化ケイ素SiO_2となりますが二酸化ケイ素は水晶、長石の成分であり、簡単に言えば砂であり、セラミックスの重要な原料です。

Oは酸素であり、空気の20%を占める気体です。しかし多くの金属と結合してSiO_2のような酸化物となるので、地殻の中で最も大量にある元素となっています。ちなみに地殻で2番目に多いのがケイ素であり、3番目がアルミニウム、4番目が鉄Feとなっています。

Hは水素であり、水H_2Oを作る元素です。ニガリに含まれていたSはイオウであり、温泉地帯で見る黄色い塊がイオウです。イオウと水素が結合した硫化水素H_2Sは、とんでもない猛毒です。

なお、$MgSO_4$のMgが2個のHに換わったH_2SO_4は硫酸という非常に強い酸であり、各種化学製品の原料として有名なものです。硫酸が電離して生じる陰イオンSO_4^{2-}は硫酸イオン、また、分子式や構造式のうちSO_4部分だけを硫酸根と呼ぶこともあります

酸化チタンTiO_2のTiはチタンという金属であり、軽くて強いので最近は眼鏡、カメラ、腕時計、更には戦闘機の機材等に使われています。酸化チタンは光触媒として有名です。Bはホウ素であり、無機物で黒い個体であり、単体としてはダイヤモンドに次いで固い物質です。ホウ酸H_3BO_3は殺菌剤、殺虫剤として用いられます。

ジルコニウムは、銀白色の金属です。珪酸ジルコニウム$ZrSiO_4$はジルコンという名前の宝石であり、輝きが強いのでダイヤモンドのイミテーションとして用いられます。

セラミックスの作り方

セラミックスは焼き物の一種と言いますが、それにしても一体どのようにして作るのでしょう。簡単に見てみましょう。

原料

セラミックスを作るにはまず原料を考案することから始まります。とは言うものの、セラミックスの原料を構成する元素は、周期表に載っているほとんど全ての元素が関与してきます。セラミックス原料には天然の原料と人工の原料があります。天然原料は天然の鉱産資源をほとんどそのまま用いるもので昔ながらの陶芸やセメント、レンガ、ガラス、耐火物などの伝統的なセラミックスに用います。

一方、人工原料というのは鉱産資源から物理的、化学的な方法で目的成分だけを純粋な形で取り出した物で、主にエレクトロニクス関係などのファインセラミックスに用いられます。主な成分はアルミナAl_2O_3、炭化ケイ素SiC、マグネシア（酸化マグネシウム）MgO、シリカSiO_2、ジルコニア（二酸化ジルコニウム）ZrO_2などです。これらの原料を自分たちの目指す目的を果たすようなセラミックスができるよう配分、調合します。この混合の配分だけで製品の差別化を図っているものも少なくありません。

一般的なセラミックスの作り方

伝統的な陶磁器の作り方は、粘土や岩石などの鉱物を混ぜ合わせ、それを形にして焼き上げることで作ります。素材の種類、焼き上げの温度などで各種の作品ができます。

❶原料調合

ガラスや陶磁器などつくりたい製品に合わせて原材料を混ぜ合わせます。

❷成形

原料の調合が終わったらそれを使って形をつくります。工業製品の場合は型にはめて成形します。セラミックスは硬いので、完成後に削るのは大変です。それを考えて、この成形過程で削れるところは削っておきます。

❸ 焼成

形ができた製品を焼き上げます。温度や時間を細かく設定して強度や透明度などを調節します。製品の特性が決まる重要な工程です。

❹ 仕上げ加工

最後に、製品の寸法に合わせて不要な部分を削ったり、製品の表面を磨いたりします。セラミックスを削るには、ダイヤモンドを使います。

ファインセラミックス

ファインセラミックは、セラミックスよりも純度の高い原料でつくられています。

セラミックスが天然の鉱物を原料に製造されるのに対し、ファインセラミックスは人工的な材料でつくられます。

ファインセラミックスは、エレクトロニクス関係、半導体、医療機器、人工関節、心臓ペースメーカーといった医療分野でも使われます。ナイフやフライパンといった調理器具に使われることもあります。

セラミックス製品の作成例

以上が、セラミックス製品の作り方の一般的な説明なのですが、セラミックスが初めてという方にはわかりにくいかもしれません。最近良く使われるようになったファインセラミックス製の包丁を例にとって、その作り方を図を交えて見てみましょう。

❶原料と水と粉砕用の硬いボールをミルと呼ばれる円筒形の装置に入れて回転し、粉砕します。原料はスラリー(泥)状になります。粒子の直径は1ミクロン(1000分の1ミリメートル)ほどになります。

❷ドライヤーなどを用いて水分を蒸発させ、原料を紛体にして、ナイフ形の金型に入れます。

❸1平方センチメートルあたり1トンほどの圧力を掛けて成形します。

❹金型から出した成形品を焼成炉に入れて加熱します。

❺焼成が終わると長さは3/4、体積は半分近くに縮みます。

❻ダイヤモンド砥石で研いで刃を着けると完成です。

●ファインセラミックス製の包丁の作成例

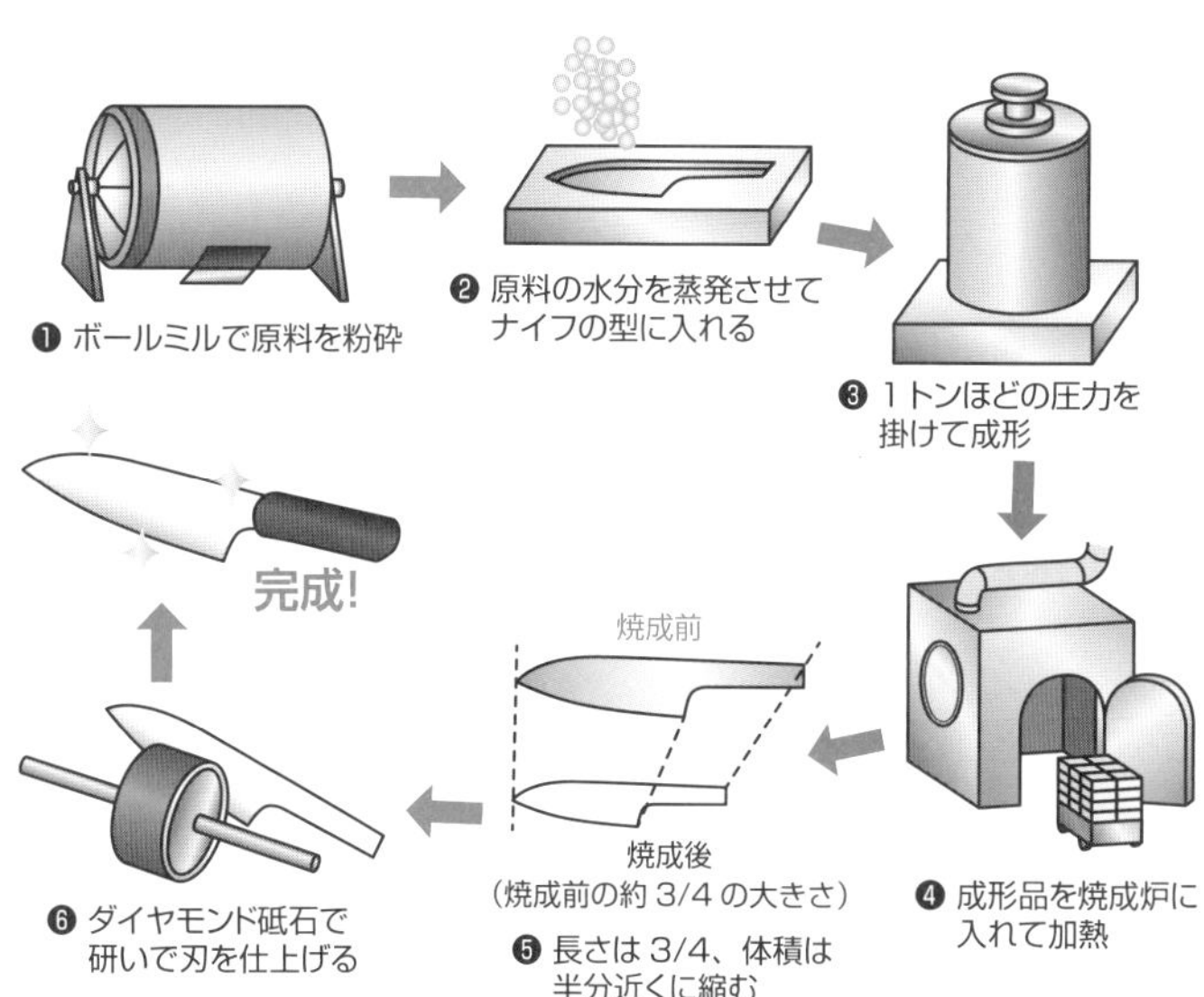

セラミックスは環境に優しい

現代社会は環境問題に悩んでいると言って良いでしょう。長年使い続けた化石燃料の廃棄物によって、二酸化炭素による地球温暖化、SOx、NOxによる酸性雨、更にはフロンによるオゾンホール、海洋にはマイクロプラスチックと四面楚歌の状態です。これからのエネルギー源、各種素材、材料にはこのような公害の原因になるような物は避けたいところです。その点、セラミックスはどうなのでしょうか?

セラミックスの原料

セラミックスの原料は、そのほとんどが地中に埋まっているか、あるいは大地の構成成分です。特殊な物を除けば世界中どこにでもある物が大部分です。その意味で石油や天然ガスのように、どこか数カ国に全面的に依存しなければならないと言うことはありません。

またレアメタルやレアアースのように、世界中の総生産量の半分以上、場合によってはそのほとんどを限られた2、3の国で生産するという偏在もありません。また水力発電の巨大ダム建設、あるいはシェールガスを得るための斜坑のように、その材料を得るために、環境破壊を起こすようなこともありません。その意味では環境に優しい原料ばかりと言うことが出来るでしょう。

セラミックスの廃棄物

セラミックスも使命を終えたら廃棄されます。セラミックスは元々が天然原料を焼いて固めた物であり、化学変化を加えたり、化学反応を行わせた物でもありません。

不要になったら砕いて粉砕すれば元の原料素材に戻るだけです。その意味で廃棄物による環境破壊という問題も考える必要はありません。このように、セラミックスは環境に優しい素材、材料と言うことができます。

製造工程

セラミックスは直接的には環境に負荷を掛けることはありませんが、間接的にはそうとばかりも言ってはいられません。

セラミックスは原料を焼いて作りますから熱エネルギーを使います。この熱は伝統的に薪を使うにしても、ガス、電気を使うにしても、最終的には化石燃料などの世話にならざるを得ません。何とか低温焼結とかの新技術の開発は望まれるところでしょう。

問題になるのはセメント工業です。ここでは石灰石（炭酸カルシウム）$CaCO_3$を熱分解して酸化カルシウムCaOを作ります。つまり1分子の$CaCO_3$から1分子の二酸化炭素CO_2を発生させているのです。$CaCO_3$、CO_2の分子量がそれぞれ100、44ですから、原料$CaCO_3$の重さの44％に相当する重さの二酸化炭素を発生しているのです。

これでは自分の事を「二酸化炭素発生産業」と自虐的に言うセメント業界の言うとおりということになってしまいます。何とか解決策を探る必要のある問題と言わざるを得ないでしょう。

日本はセラミックス王国

セラミックスは科学的、現代工業的な名前ですが、伝統的には陶磁器産業の発展形です。陶磁器と言えばその英語名がチャイナということでも明らかなとおり、中国の特産であり、そして江戸期以降は日本の特産でもあります。

ヨーロッパにもドイツのマイセン、オーストリア(現在はハンガリー)のヘレンド、イギリスのロイヤルクラウンダービー等の銘窯がありますが何れも日本の有田焼などを手本として発展したものです。

陶器

陶磁器と言いますが陶器と磁器には明らかな違いがあります。陶器は一般に土物と呼ばれることがあるように、原料に粘土を用い、焼成温度は800~1200度と磁器に比べて低めです。

そのため十分に焼き締められていないので、一般に厚めであり、内部に細かい空隙があって、吸水性があります。色合いは用いた粘土によって明るい肌色から黒っぽい物までさまざまです。ただし一般に製品の表面にガラス質の釉薬を掛けるので、実用的には吸水性の無い物が一般的です。

原料の粘土はその土地の物を用いることが多いので、地方色が豊かであり、素朴で地味豊かな芸術味の高い物がありま す。萩焼、志野焼、瀬戸焼、益子焼など全国に有名な窯があります。茶道の道具に用いられる作品の多くは陶器です。

●志野焼

磁器

磁器は石物と呼ばれることがあり、長石などを主原料としたカオリンと呼ばれる石質の原料を砕いて粉として用います。焼成温度も1200〜1400度と高いので良くしまり、色は白で半透明であり、吸水性はありません。薄くて軽い物を作ることができ、洒落た感じの物ができます。

ヨーロッパの銘窯と言われる物は、ほとんどが磁器です。日本でも紅茶椀の多くは磁器製です。有田焼、薩摩焼、清水焼、九谷焼などが有名です。

ガラス

ガラスは珪砂(ケイシャ)(石英)SiO_2、ソーダ灰(炭酸ナトリウム)Na_2CO_3、石灰石(炭酸カルシウム)$CaCO_3$の3つを混ぜ合わせた物を1500度ほどの高温に溶かして作られます。この飴のように融けたガラスを鉄製の中空の棒の先に付け、反対側から空気を吹き込むとガラスが風船のように膨らみます。これを利用すればコップなどの立体物ができます。また大きな容器に入れて加熱し、融かした金属のスズSnの上に流せば板ガラスができます。この他にクリスタルグラスは重量で20～35％ほどの酸化鉛PbO_2を加えています。そのためクリスタルグラスは透明度が高く、重くなります。また硬度が落ちて軟らかくなるのでカットグラス（切子）に向きます

ガラスには色が着いている物がありますが、これは金属の微粒子をまぜることによって発生します。例えば金Auを混ぜると赤くなり、酸化銅を混ぜると空色になるなど、現代ではどのような色のガラスでも作ることができます。このような色板ガラスを切って、鉛製の桟で繋ぎ合わせればステンドグラスになります。

ちなみに、Naは、ナトリウムで、銀白色の金属で比重は0・97と水より軽く、融点は98度と低いです。水と反応すると激しく発熱して水素ガスを発生、その水素ガスが反応熱で爆発的に酸化されて水になるので大変に危険な金属です。

Pbは、鉛で、比重11・4で軟らかい金属です。青っぽい灰色なので、昔の日本では蒼金と呼ばれたそうです。釣りの重りや散弾銃の弾、ハンダなどに用いられます。神経毒性があり、危険な金属です。

Caは、カルシウムで、銀白色で比重1・55の軽い金属です。動物の骨格の主成分です。

Chapter.2
セラミックスの歴史

石器・土器時代

デンマークの考古学者トムセンは人類の歴史を三つに分ける三時代法を提唱しました。それによると人類の歴史は石器時代に始まり、その後青銅器時代に移り、そして現代に続く鉄器時代に入りました。

人類の黎明時代

人間の歴史の大部分は石器時代に該当します。青銅器時代の始まりは紀元前2000〜3000年と言われます。人類の起源を何処に取るかは諸説ありますが、人類は100万年いやそれ以上もの長い間を石器時代で過していたことになります。

石器時代は、このように長かったこともあり、旧石器、中石器、新石器の三時代に分けるのが一般です。その説によれば新石器時代は紀元前およそ8500年前に現在のパレスチナ地方に現われたと言われます。そして、その時代には既に土を焼いて作った土器も作られていたと思われます。つまりセラミックスの誕生です。それが人類誕生から何年経っていたのは、人類の誕生をいつと見るかによって変わりますが、もしかしたら数百万年も経っていたのかもしれません。

多分、当時の土器は意図して作られた物ではなく、焚火の跡とか、あるいは山火事の跡などにたまたまできていた、焼き締められた土くれの塊だったのでしょう。

しかし、人類はその固い土くれの性質を有用とみなし、自分たちで作りだすことを研究したのでしょう。これが土器の普及に繋がり、各地に土器の文化を広げていったものと言われています。

日本の土器

日本に土器が現われたのは縄文時代と言われ、それは紀元前1万3000〜2300年前と、非常に長い期間ですが、そのどこかで土器が誕生した物と思われています。しかし、その時代に作成された縄文式土器、中でも紀元前3000年くらいに作られたと言われる火炎式土器は日本人の作った芸術作品の雄とも言うべき素晴らしい物です。

　ここには生活を助ける器という概念を飛び越えて、生活を飾り、それを見て、それに触れることによって今日を生きる力を貰い、明日を生きる希望を貰おうという、人類意外に持ちえない崇高な精神が溢れています。まさしく日本人類の宝というに相応しいものです。

●縄文式土器

コンクリートの歴史

土器を作ることを覚えた人類は、それを用いて住居を作ることを思いつきました。それが煉瓦(れんが)の始まりです。

最初の煉瓦は粘土を木で作った型の中に押し入れて、そのまま炎天下に放置して脱水乾燥させた日干し煉瓦でした。やがてこの煉瓦を焼いて固めた焼き締め煉瓦へ進歩していきました。

セメントの発見

セメントを発明したのは、イギリスの煉瓦職人ジョセフ・アスプディンであるとされています。彼は石灰や粘土を混ぜて焼いた物は、水と混ぜて放置すると硬く固まることを発見し、1824年に「ポルトランドセメント」という名前で特許を取りました。

名称をポルトランドとしたのは、硬化した後の風合いがイギリスのポートランド島で採れるポルトランド石に似ていたからだと言うことです。

セメントは石灰石、粘土などを焼いて作った粉末です。これに水を加えると水和反応を起こして硬化します。セメントの原料には石灰岩を用いることから、先に見たように二酸化炭素発生産業と言われることもありますが、現在ではそうとばかりも言われません。つまり、原料として汚水処理場で発生する汚泥や各種産業廃棄物を利用しています。

コンクリートの発展

セメントは当初、石材同士を接着するための接着剤として利用され、更には骨材として鉄筋を入れた鉄筋コンクリートの素材として現代建築に無くてはならない物となって現代に至っています。

コンクリートは古くから使われてきた建築材料です。中国の遺跡からは約5000年前のコンクリートが発掘されました。この床に使用されたのは炭酸カルシウムを焼いて粉末状にし、固めたことがわかっています。

また、現存する古代ローマ帝国時代に作られた構造物は、コンクリートの中にレンガを板状に配置してあり、今の鉄筋コンクリートと同じような強さがあります。しかも、鉄筋コンクリートと違って、錆びる鉄筋が入っていないので2000年の耐久性が実証されています。

最近では、新しい性能を備えたコンクリートが登場しています。高層ビルの低層部は自重を支えるために太い柱が必要となり居住空間が狭くなります。そのため、細い柱でも高層建築を支えられるように高強度なコンクリートが開発されました。また、コンクリートは、硬いだけだと地震で大きく揺れた時に割れてしまうことがあります。これを防ぐために、繊維などを含んだ強靭なコンクリートが研究されています。

さらに、硬化前に水のように自由に流れるコンクリートも作られています。現在使われているコンクリートは建築現場で人が少しずつ流し込む作業をして固めますが、水のようなコンクリートを使えば、短期間で大きな建築物を造ることができるでしょう。このような新しいコンクリートの登場が、高機能で美しい建築を生み出していくのです。

ガラスの歴史

透明で固くてクールなガラスは現代的な雰囲気を漂わせますが、ガラスが書籍の中に顔を出すのは古代ローマの歴史家プリニウスの書いた「博物誌」です。

ガラスの誕生

彼はその中で「地中海東岸で商人が炭酸ナトリウムNa_2CO_3で炉を作って火を焚いたところ、炭酸ナトリウムと硅砂（石英）SiO_2が混じって熔融したのがガラスの始まり」と書いています。

実際、プリニウスが書籍に書くずっと前の紀元前2000年頃にはエジプトやメソポタミアでは植物の灰（炭酸カリウム）K_2CO_3と珪砂を混ぜて熱するとガラスができることが知られており、各種の工芸品が作られていました。

ガラス産業

ガラス作成が産業として本格化したのは、12世紀のイタリア・ベネチアと言われています。各種カップ、ステンドグラスなどとしてヨーロッパ各地の王侯、教会などと取引していました。そのため、ベネチア政府は今でいう知的所有権保護として、ガラス職人をムラーノ島へ強制隔離してしまいました。しかし、それも長続きはせず、やがてガラス作りの技術はヨーロッパ全土に広がってしまいました。

建築とガラスのコラボレーション

建築とガラスのコラボレーションが最初に行われたのは教会です。ゴシック式の高い尖塔を持った建物を支えるためには太い柱と分厚い壁が必要です。当然、窓は小さくなります。その窓を効果的に用いるには聖書の一節を絵にしたステンドグラスが最適です。ということで、「教会の窓＝ステンドグラス」という図式が出来上がりました。

しかし時代が下って、人々が教会に束縛されない時代になると、家の中には明るい光と自然の景色を取り入れ、同時に外界の冷気や風雪を防ぐ物が要求されるようになりました。しかし当時の板硝子は、鉄製の筒の先に付けた熔融ガラスを吹いて膨らました風船ガラスを板に押し付けて平らにしたもので、平面性など見たつきだけで、歪みだらけの物でした。

ところが1952年英国のピルキントン社が熔融したスズの上に、融かしたガラスを浮かせるフロート法を開発し、現代のような凹凸の歪みの無い、平滑な板ガラスの大量生産に成功したのでした。

現在では板ガラスを用いない建築物はあり得ないほどになってしまいました。

●ステンドグラス

陶磁器の歴史

陶磁器は食物を盛る実用品から発達して祭祀の供え物となり、やがて美しく華麗な調度品となって現代に至っています。その間、どのような変遷、進化を辿ってきたのでしょうか。

中国陶磁器の歴史

中国では紀元前14世紀（殷代中期）にはすでに釉薬を用いた陶器がありました。殷代後期には今日の磁器に相当するカオリンを用いた白陶が作られていました。

紀元前221年、秦の始皇帝が中国を平定しましたが、その象徴が兵馬俑です。将軍・兵士など八千体にのぼる等身大の人形がすべて東方を向いて立ち、東方の国との戦闘に備えています。この焼き物を焼くための薪を提供したのが黄土高原でした。当時黄土高原は翠滴る地でしたが、樹木を薪にするために伐採され、復活することなく砂漠に化したと言います。その後中国の陶磁器は世界に類を見ない極みに到達し、韓国、日本を経由して世界中に広がっていきました。

日本陶磁器の歴史

わが国で出土された最も古いものは青森県大平山元で見いだされた縄文土器で1万6千5百年前のものと言われています。世界各地の土器と比べると桁違いに古いものです。その後、弥生土器(紀元前2世紀~紀元後3世紀)に移り、祭器の土師器(はじき)や副葬品の埴輪が作られました。古墳時代から平安時代に掛けて、ろくろが現われ、正確な円形をした須恵器が作られました。

釉薬を施した陶器が焼かれるようになったのは7世紀の後半です。灰釉陶器は天然の草木灰を主材料とした高火度釉を掛けています。瀬戸では中国の製陶法を参考とし、祭器、仏器、日用品などの施釉陶器が作られました。

この時代には現在、六古窯と呼ばれる愛知県の常滑窯・瀬戸窯、福井県の越前窯、滋賀県の信楽窯、兵庫県の丹波窯、岡山県の備前窯の六窯をはじめ各地で製陶が盛んになりました。

やがて桃山期には茶の湯の流行に伴い、志野・黄瀬戸・瀬戸黒・織部あるいは楽焼という施釉した茶碗・水差・香合など優れた茶陶が製作されました。この頃の武家社会では、茶道を利用して政治的な人間関係をつくっていきました。そのため、銘椀は「一椀一城」と言われるほどの価値を持ったと言われます。

1610年代に朝鮮から渡来した李三平により、有田で、カオリン（陶石）が発見され、これを使って磁器がわが国で初めて作られました。更に有田の柿右衛門が、赤絵技法を完成させ色絵磁器が生産されるようになりました。また鍋島藩は極めて精巧な色鍋島（染錦手一染付と錦付けの合成）を作りだし、九谷焼、清水焼などの繊細華麗な陶磁器と相まって日本の陶磁器は頂点へと上り詰めていきます。

1659年になると、ヨーロッパへ有田で焼いた色絵磁器が大量に伊万里港から輸出されるようになりました。そのために有田焼を伊万里焼とも言います。伊万里焼は当時のヨーロッパの王侯貴族に圧倒的な好意もって迎えられ、これを手本にしてヨーロッパでも陶磁器作成が試行されたのでした。

ヨーロッパ陶磁器の歴史

17世紀頃までのヨーロッパでは、厚ぼったい、くすんだ色の陶器しか焼けず、透けるように極めて薄く、白い磁器は焼けませんでした。

そこへ登場したのが日本からもたらされた伊万里焼の、純白で、堅く・薄く・繊細・優美磁器でした。これは当時のバロック調、ロココ調の美意識にマッチし、ヨーロッパの王侯貴族の間では、「磁器を強さ(財力)の証として金銀に準ずる」とされたと言います。日本の桃山期と似た現象がヨーロッパでも起きたのです。

やがて王侯たちは陶磁器を自分たちで作り、金の流出を防ぐと共に他国に売って収入を得ようとしました。それまで錬金術に注ぎこまれていた科学的な研究が陶磁器に流れたのです。

始めは、白色粘土にソーダガラスなどの副原料を混ぜて焼成する軟質磁器(分類は陶器)を表面上だけ磁器に似せようとした作り方を行っていました。

大変な磁器コレクターであったザクセン(現ドイツ)選帝侯のアウグスト強王は、錬金術の研究をさせていたベドガーに磁器焼成の研究をさせることにしました。不可能を追い求めた錬金術と違い、作陶術は直ぐに果実を着け始めました。

ベドガーは磁土の調合・焼成温度を上げるために窯の改善などを行い、1708年ついに白磁焼成に成功します。白磁の次にコバルトを用いた下絵（釉薬下）は、程なく完成させますが、色絵（上絵）の顔料開発は遅れました。

1719年にはウィーン窯がマイセン窯の技術者を引き抜くことで白磁焼成の技法を手に入れました。その後ウイーン窯は上絵付けの技法を開発しましたが直ぐにマイセン窯に知られてしまいます。やがて1731年には彫刻家ケンドラーが人形や動物などを写した磁器の作製を行い、高い評価を受けました。

このころの磁器は庶民に高嶺の花でしたが、イギリスで起こる産業革命によって磁器産業も大きく変遷します。それまで磁器の需要は上流階級だけのモノでしたから、コストを下げる努力より、質の高い、手間の掛かった見栄えがするモノを優先して製造していました。

庶民から需要されるようになると、工業製品としてコストパフォーマンスを追求し、より生産性の上げられる窯が力を持つようになりました。手書きされていた絵付けは大半が銅板転写・プリント柄に変わって行き、現在あるかたちに至ったのです。

現代セラミックスの歴史

陶磁器、セメント、コンクリートと呼ばれた素材がセラミックスとまとめて呼ばれるようになり、窯業(ようぎょう)と読みにくい名前で呼ばれた業界がセラミックス工業と呼ばれるようになりました。現代のセラミックスの歩んだ道を眺めてみましょう。

電気技術とセラミックス

太古より続いてきた日本の陶磁器文化は19世紀に入ると新しい方向へ針路を換えます。19世紀半ばにエジソンが電灯を、ベルが電話を発明し、電気の時代と呼ぶにふさわしい時代が訪れ、長い間、「器(うつわ)」として使われてきた「焼きもの」は、その時代にふさわしい新しい役割を果たしていくことになります。

陶磁器の電気に関係した性質として電気を通さない。すなわち強い絶縁体としての性質があります。同じく絶縁体と呼ばれる紙や木材と比べ、焼きものは、気温や湿度といった外的環境が変わっても性質そのものが変化しにくいという、高い信頼性を持っています。また、1万年以上の焼きものの歴史を通じ、さまざまなカタチを実現する造形技術もあります。

こうして、陶磁器は碍子（がいし）や絶縁材料など、送電線から家庭で使用するさまざまな製品として広く使われるようになりました。

エレクトロセラミックスの時代

20世紀に入るとラジオ放送の開始、テレビ放送の開始、トランジスタの発明などエレクトロニクスの時代を迎えます。その時代を支えたのが新しいセラミックスでした。まず現れたのが、20世紀前半の大型真空管用セラミックスです。無線機器に使用され、高い周波数で使用しても高い出力が得られるセラミックスの特性は、ほかの材料では代替できないものでした。

また、材料としてのセラミックスも大きな進歩を遂げます。天然の原料に加えて人工的に合成した原料が使われ始めたほか、金属材料と強固に接合するための技術も開発され、現在のファインセラミックスの土台を作りました。

　エレクトロニクス時代の中核的な部品「半導体」を用いた産業を支えたのもセラミックスでした。戦後すぐにアメリカでトランジスタやICが開発されましたが、当時、外部からの湿気や強い光などに対して極端に弱く、そのままでは産業用に使用することはできませんでした。トランジスタやICの電気的な特性はそのままに、外部からの湿気や光を遮断することができたのが、セラミックパッケージでした。このパッケージがあって

●コンデンサ

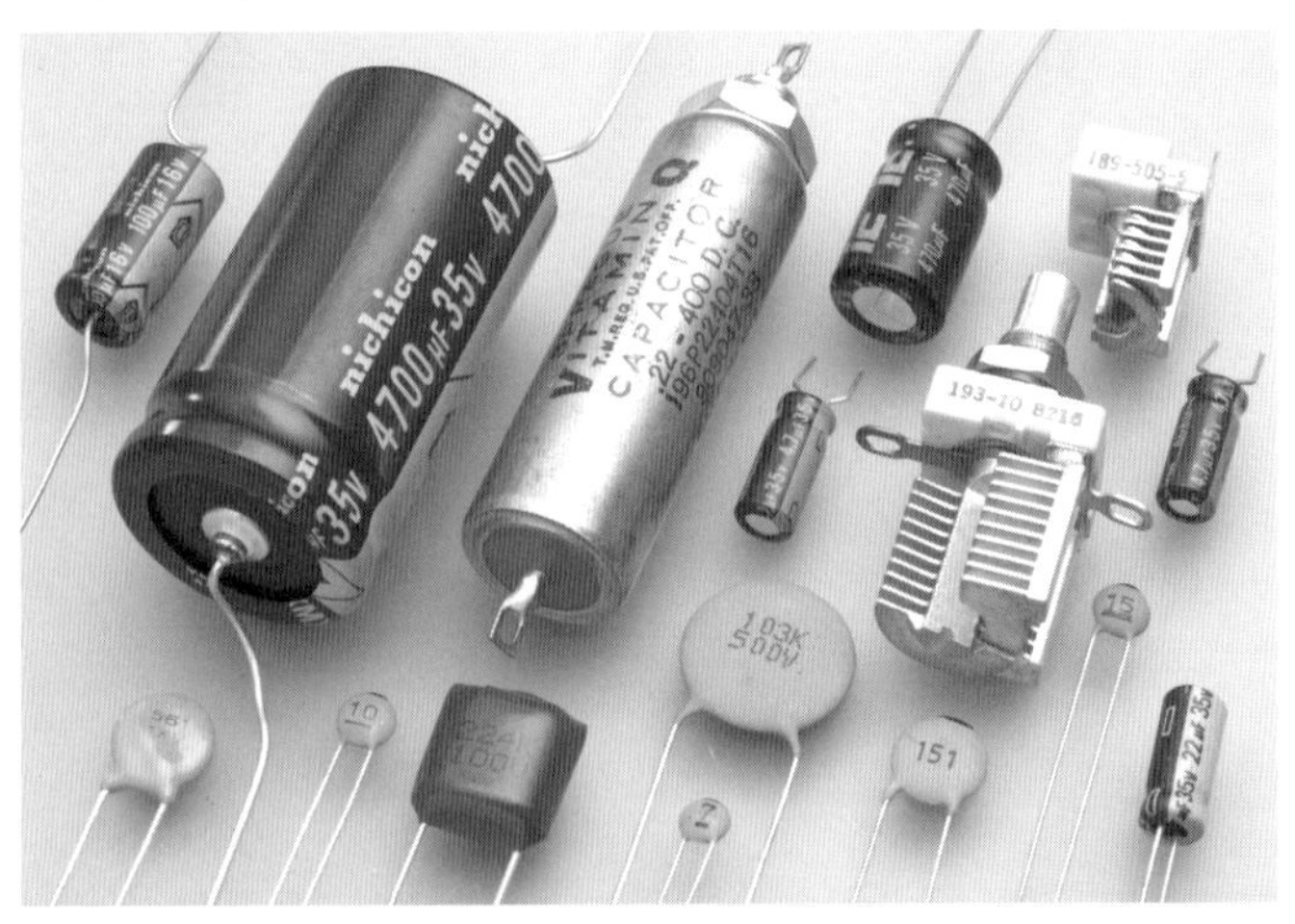

はじめて半導体は広く使われるようになったといっても過言ではありません。

電子部品として、コンデンサやインダクターを小型化したのもセラミックスです。20世紀の半ばから、セラミックスの持つ誘電性や磁性などの特性を大きく改良したセラミックスが次々に開発され、電子部品は急速に小型化、高性能化を図ることができるようになったのです。

この様にセラミックスは、電子機器そのものの小型化に大きく貢献したと言えます。コンデンサをセラミックスでつくることがなければ、現在のようなポケットに入るスマートフォンの存在はなかったはずです。今、スマートフォンには1台あたり約600個以上のセラミックコンデンサが使われています。

新素材の旗手としてのファインセラミックス

20世紀後半には、精選または合成された原料粉末を用いて、管理された工程でつくられる高精度の工業用材料として、従来の焼きものとは一線を画した「ファインセラミックス」が誕生しました。

ファインセラミックスは、原料の種類や合成方法、これまで確立してきた豊富で精密な製造工程などにより、いろいろな特性を創出することが可能です。そのために、エレクトロニクス産業に限らず、多様な産業においても利用することができるようになり、新素材の旗手ともいうべき存在です。

軽くて剛性が高くかつ薬品などに侵されにくい性質を利用し、数メートルにおよぶ大型サイズのファインセラミックスが半導体製造装置や液晶製造装置に、また、信頼性が高くかつ金属との組み合わせが容易なことから自動車用部品に使用されています。誘電特性や圧電特性を利用した小型で高性能なセラミックフィルタやセラミック発振子などは多くの電子部品の基盤の材料となっています。

工業製品や部品としてのみならず、ファインセラミックスならではの特性を生かして、包丁や装飾品、釣具部品など私たちの生活に身近で実用的な商品にもどんどん利用が拡大しています。ファインセラミックスはこれからも私たちの生活を便利で快適なものに変えて行ってくれることでしょう。

Chapter.3
セラミックスの製造法

原料紛体の作製と調合

セラミックスの簡単な製造法は第1章で簡単に紹介したように「原料調合→成形→乾燥・仮焼→華飾・施釉→焼成→仕上げ加工」の順で進んでいきます。

天然あるいは人工的に作ったセラミックスの原料鉱物は、セラミックスの製造工程に入る前に、まず物理的に粉砕し、粉末にしなければなりません。固体の鉱物を微細な粒子からなる粉末にするためには、何段階もの粉砕工程を経る必要があります。

天然原料を例にとれば、鉱山から特定の原料を採掘したあと、粗粉砕、中粉砕、微粉砕の工程を経て目的の粒度になるようにします。これらの工程の中には、水分を含むものや融点が低いもの、あるいは揮発性が高いものなど原料には適さない工程もあります。

また物理的な方法で粉砕しても、微細化の限界や、大きい粒子と小さい粒子の広がりに基づく粒度分布が広くなることもあります。そのため、液相法や気相法という化学的な方法が考案されました。一方で、これらの方法は物理的な粉砕工程を経ないため、不純物の混入が無いという利点もあります。

機械的粉砕法

機械的な粉砕法は一般的に知られている手法で、セラミックスに特有な手法は特にありません。

少量を試験的に粉砕する場合には乳鉢と乳棒ということになりますが、大量に粉砕する場合にはボールミルを用いることになります。これは円筒形の容器の中に原

●機械的粉砕法

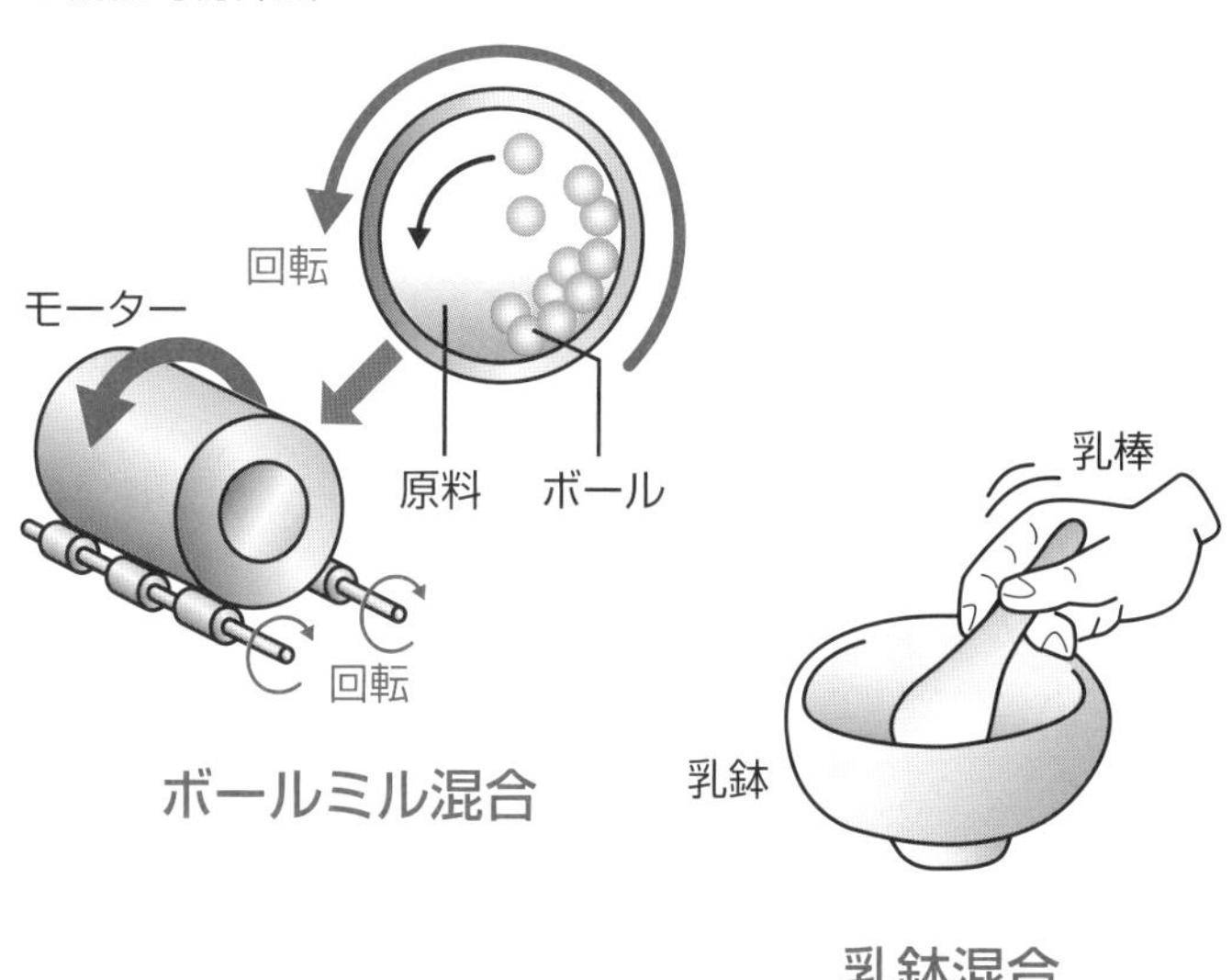

料と、それを砕くための硬いボールを入れ、容器全体をモーターで回転させるものです。これで粉砕と撹拌を同時に行います。

液相法

原料を作る反応を溶液中で行い、目的物質を沈殿として生成させます。その後、溶液から沈殿を取り出し、乾燥によって溶媒を揮発させて純粋な目的物を採取します。

気相法

高温でガス化した原料を電気炉、火炎、電気スパーク等の高温で分解して、電子と原子核がバラバラになったプラズマ状態として反応させ、生成した紛体を捕集する方法です。

成形

成形とは、原料を焼き固める（焼結）前に、形を整える工程です。完成品の用途に応じてさまざまな成形方法を使い分けます。

鋳型成形

鋳型（いがた）に原料を入れて成形する方法で、工業的に広く使われる一般的な成形法です。

❶乾式成形（金型成形）

原料の粉体を金型に入れて、加圧し成形する方法です。量産性が非常によいため、もっとも一般的に用いられる方法です。ただし、作成される製品の密度は不均一であり、密度が均一な成形体を求める場合には適さない方法です。また、得られる成形体の形は、単純な形状に限られます。

❷CIP（冷間静水圧）成形

ゴム型に粉体を充填して、静水圧を加えて成形する方法です。作成される成形体の密度は均一で、金型成形の欠点を克服していますが、設備に高いコストがかかるのが欠点です。

❸HP（ホットプレス）成形

HPとは、焼結を伴いながら金型成形する方法です。いわばお煎餅を焼くような方法です。

❹HIP（熱間静水圧）成形

HIPとは、焼結を伴いながら静水圧で成形する方法です。

塑性成形

紛体に水などの液体を加えて練り、粘土状(塑性体)にした物を成形する方法です。いわば粘土細工で作った作品をそのまま製品にする方法です。

❶ろくろ成形

粘土状の原料を回転台の上に乗せ、回転させながら形を整える方法で、伝統的な陶磁器製作に用いる方法です。設備は簡単ですが量産性はありません。皿やつぼなどの少量生産の製品や、芸術品を作るときに用いられます。

❷押し出し成形

原料をところてんのように、口金を通じて押し出して成形する方法です。連続生産が可能で、棒状やパイプ状・

●押し出し成形

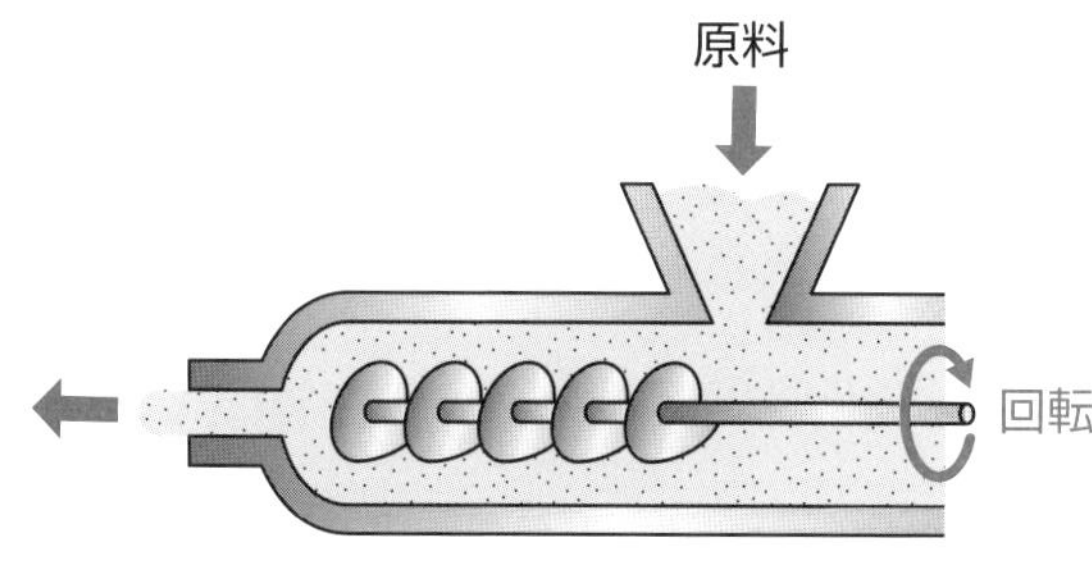

ハニカム状の製品を作る場合に用いられます。成形体の内部構造に、押し出し方向に基づく異方性が残るという欠点があります。

❸射出成形

原料に樹脂を混ぜて可塑性を持たせ、それを金型に射出して成形する方法です。複雑な形状の成形体を作ることができ、密度は均一でかつ寸法精度も良い製品ができます。

一方、混ぜた樹脂を加熱して燃やして除くため、二酸化炭素が排出され、脱脂時間が長く多くのエネルギーを要するため、環境に悪い成形方法とも言われます。

鋳込み成形

❶泥しょう鋳込み

紛体原料を水などの液体に混ぜて泥状にした泥しょうを型に流し込んで成形する方法です。問題は水の除き方にあります。型に紛体原料が一定の厚みに溜まった所で、残った水分を排出するか、あるいは水分が残ったまま乾燥固化して成形体を得る方法があります。

簡単な設備で複雑な形状の成形体が得られる一方、生産性が悪い、寸法精度が悪いという欠点があります。

❷加圧鋳込み

加圧した泥しょうを流し込んで着肉速度を速め、生産性を高めた方法です。

❸回転鋳込み

遠心力を用いて着肉速度を速めた方法です。高密度で、均質な成形体が得られますが、製品の形状は回転体に限られます。

●泥しょう鋳込み

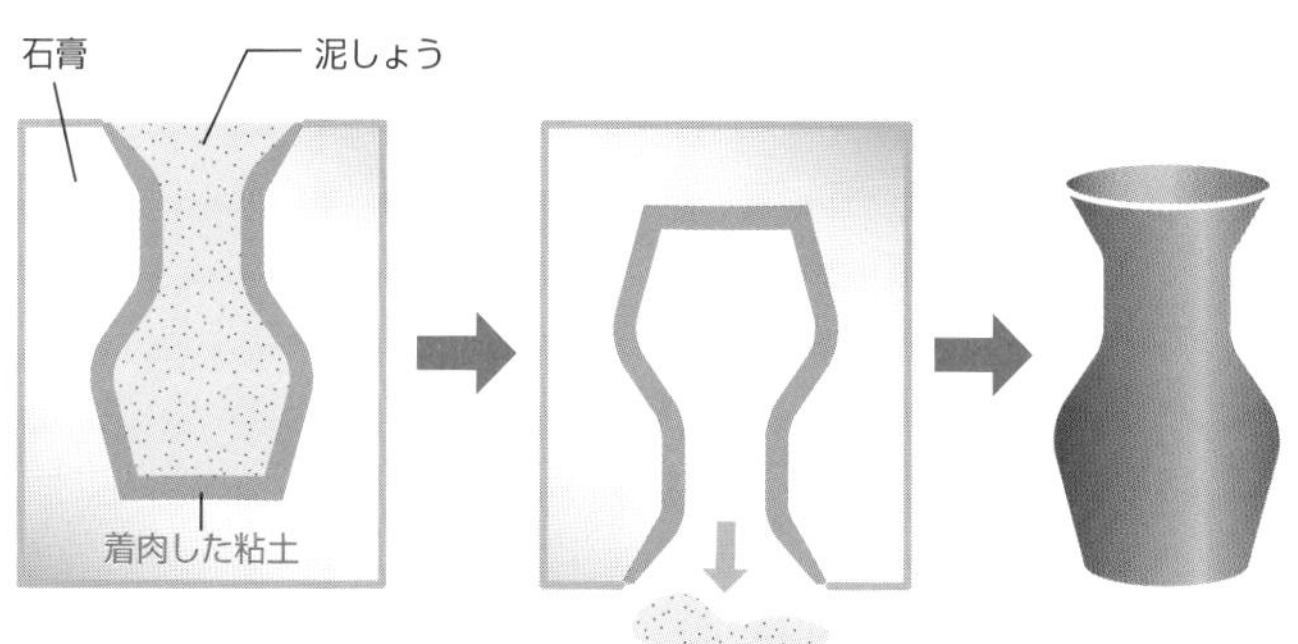

テープ成形（ドクターブレード法）

原料と有機溶剤を混ぜて泥しょうをつくり、ブレードと呼ばれる刃状部品で厚さを調整しながら、うすい板状に成形する方法です。

生産性がよく、多層構造体をもった成形体を作ることができるため、積層コンデンサーなどの電子部品を作成する際に使われます。工程の中で、板状に成形した泥しょうに熱風を当てて有機溶媒を気化させ、乾燥させます。気化した有機溶媒は、有害であり、それを処理する設備が必要になるため、設備に高いコストがかかります。

有機溶剤の代わりに水を用いると、乾燥しにくいため生産性が著しく落ちるなどの問題があります。

●ドクターブレード法

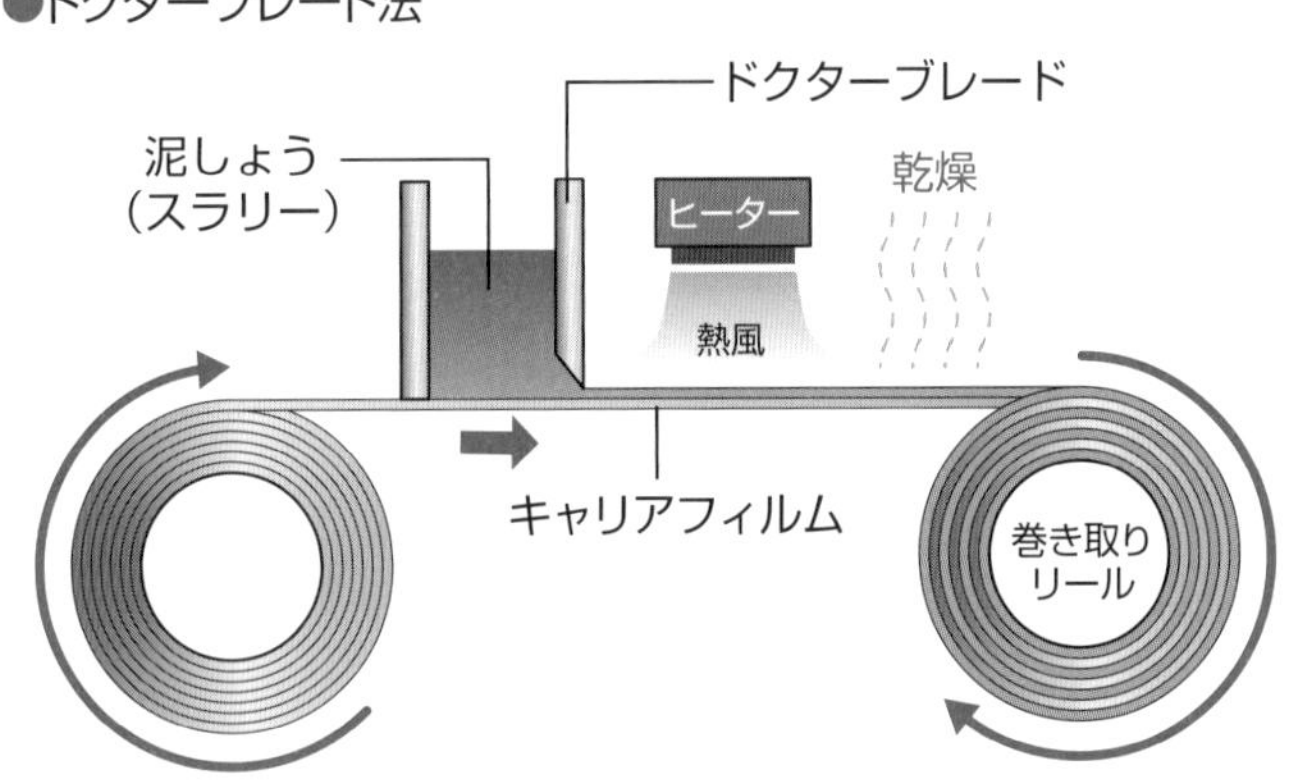

焼成

セラミックスは焼成体ですので、焼成過程は最もセラミックスらしい製造工程ということができるでしょう。

焼成による材料変化

前項で見たセラミックスの成形体を加熱すると、隣り合う原料粒子が除々に接着し、粒子間のすき間が小さくなると同時に全体が収縮します。この現象を「焼成」と言い、「焼き締め」「焼結」とも言います。

一般的には焼成温度が高いほど、また原料の粒が小さく、丸く、大きさが揃っているほど製品は硬くなります。この焼成工程では、硬度以外にも気孔率や導電性、熱やほかの物質に対する耐性、あるいは透光性などさまざまな製品の特性が決まります。

焼成の温度や時間、雰囲気といった同在させる気体の焼成条件などを組み合わせて細かく制御し、それぞれの製品に最適な特性を作り出します。

焼成の3段階

焼成工程は、次のように❶から❸まで3段階に分けられます。焼成中の成形体内部ではどのような現象が起きるのか、段階ごとに見てみましょう。

❶原料素地から水分や成形時に

●焼成の工程

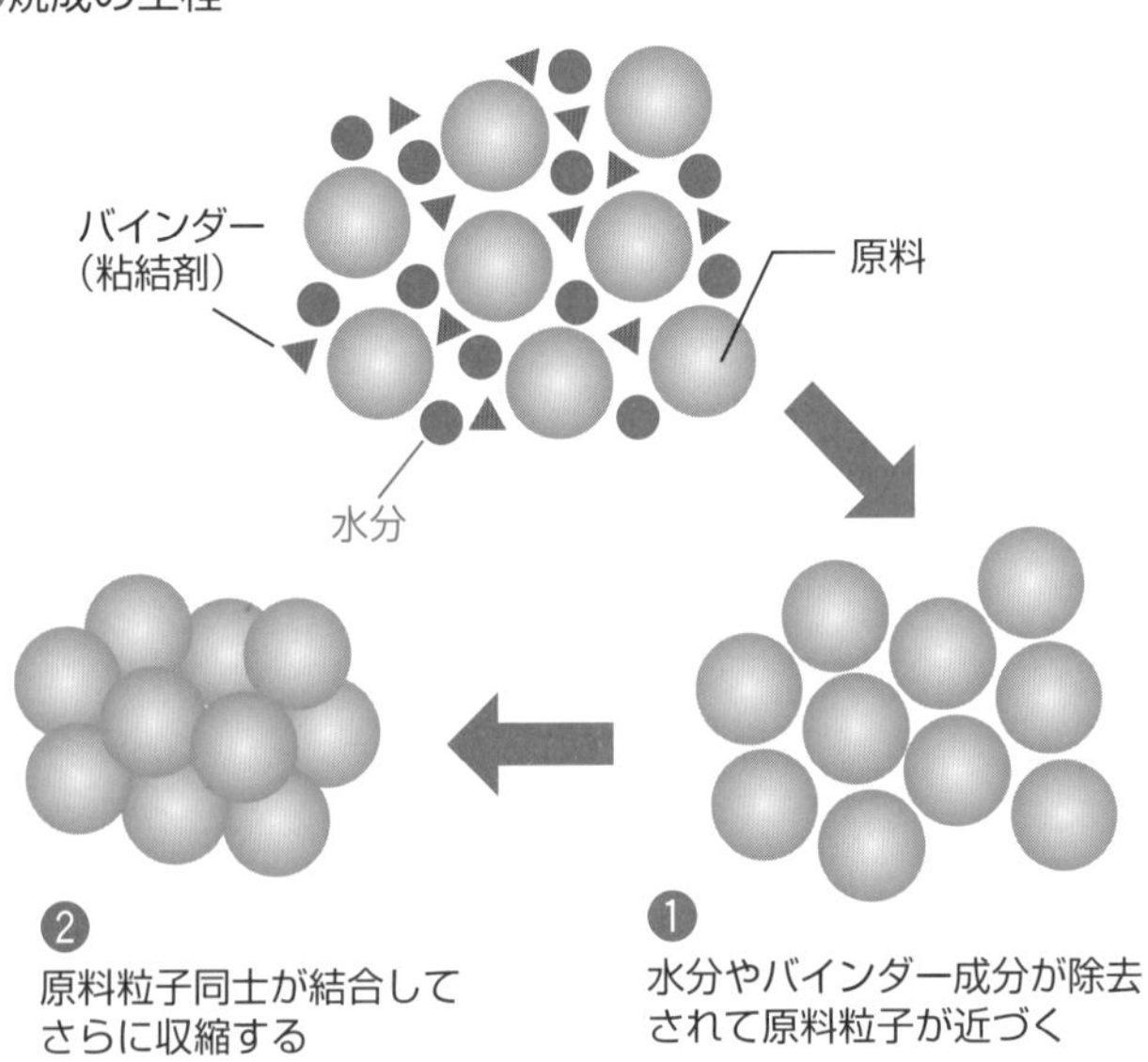

必要な有機物からなるバインダーなどを除去します。それによって原料粒子間の距離が近づき、収縮が起こります。この時、成形体の表面と内部との温度差や収縮差ができると製品が切れたり壊れたりしてしまうため、ゆっくりと温度を上げて不良の発生を防ぎます。

❷最高温度まで温度を上げる段階で、製品の特性を決める重要な段階です。高温にすることで原料粒子同士が結合し、さらに収縮します。ここでの昇温速度や最高温度、保持時間によって、製品の大きさや気孔率、耐熱性や強度などの細かく、同時に精密な特性が決まります。したがって

●焼成の温度や時間

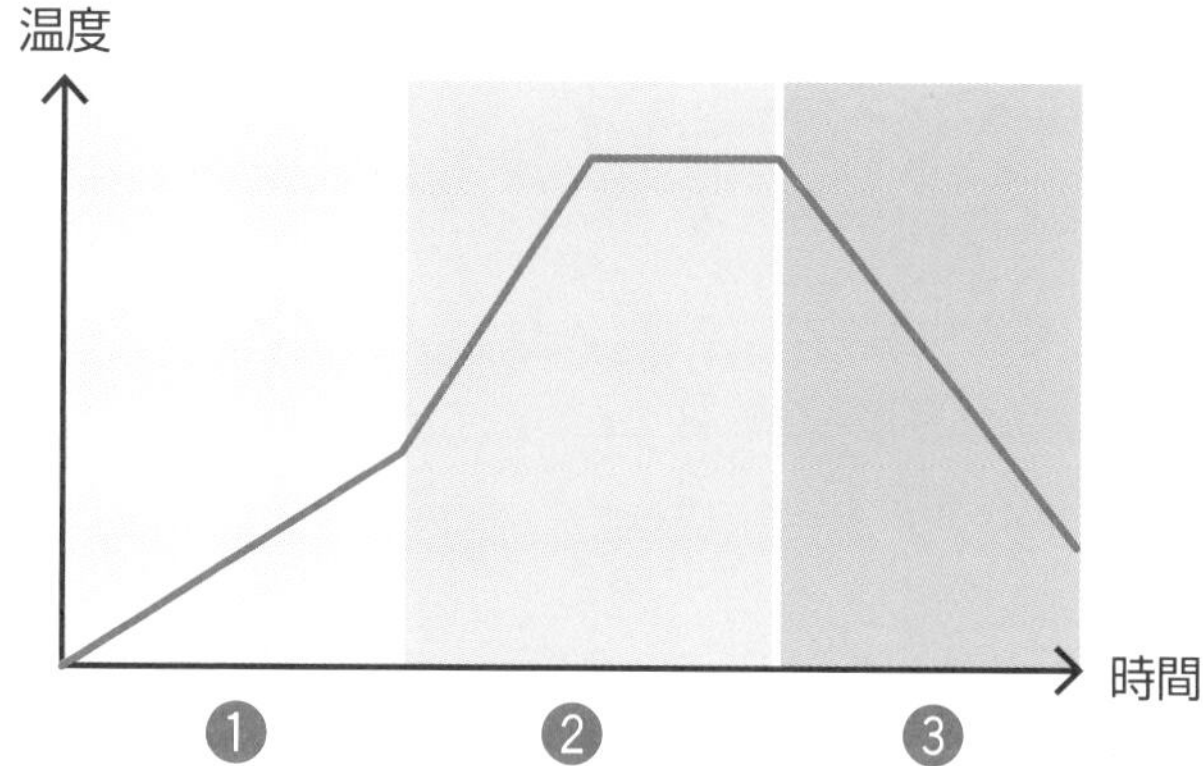

この段階の焼成条件は製品にとって最も影響力が大きくなります。

❸最後は製品を冷却する段階です。ここでも原料素地によっては収縮が起こる場合があるため、注意深くそれぞれの製品に適した降温速度で温度を下げていきます。また、この段階で冷却を急ぐと製品にひずみが入るなど致命的な欠陥が入ることがあります。

目的通りの特性を持つ製品を作り出すためには、その製品に合った温度や昇温速度などの焼成条件を見つけ出すことが大切です。そのためにはテスト炉を使った実験を行うなど、製品ごとに最良の焼成条件見つけ出す必要があります。

液相法

セラミックスの新しい作り方として、液相法と気相法があります。それぞれ溶液、気体からセラミックスを作る方法です。溶液法は特にゾル・ゲル法として良く知られています。ここでは液相法を見てみましょう。

液相からの紛体作成

液体から合成する方法は、反応出発物A、Bを反応させて生成物ABを作り、その沈殿を作り、それを乾燥して溶媒を揮発させて原料を合成します。また、金属酸化物の合成を行うには、液相中に存在する金属イオンを水酸化物、酸化物、シュウ酸塩などとして沈殿させ、これを加熱して、金属酸化物を作成します。液相法の利点は、物質を溶液中に混合焼結する方法に比べて微細な粉末が得られ、高純度である点です。

このように液相法では、原料を作る反応を溶液中で行い、目的物質を沈殿として生成させます。その後、溶液から沈殿を取り出し、乾燥によって溶媒を揮発させて純粋な目的物を採取します。

金属酸化物の合成を行うには、二種類の金属イオンを含む溶液をpH調整して作成した沈殿を用います。例えば酸化バリウムBaO溶液と酸化チタンTiO_2溶液を用いれば$BaTiO_3$という金属酸化物の粉末を作成することができます。

ゾル・ゲル法

液相法として良く知られた方法の一つにゾル・ゲル法があります。

溶液には二種類あります。「真の溶液」と「コロイド溶液」です。真の溶液というのは塩水のように、溶質が一分子ずつバラバラになり、それぞれの分子が溶媒である水の分子によって取り囲まれている(溶媒和)溶液です。

それに対してコロイド溶液というのは、寒天の様な溶液です。ここでは溶質に相当する寒天糖質のコロイド粒子が数百、数千個の分子の集合体であり、それが電荷の反発などによって集合することなく溶媒に相当する分散媒の中を漂っている溶液です。

コロイドには寒天溶液のような溶液状態で流動性のあるものと、それが固まった寒天ゼリーのように流動性を欠いた固体状態の物があります。溶液状態の物を「ゾル」、固体状態のものを「ゲル」と言います。

ゾル・ゲル法では、二種類のゾルを混合し、その後加熱脱水など適当な方法でゲル化して粉末にするものです。

ゾル・ゲル法とは、溶媒中の目的イオンを化学反応(加水分離反応・重縮合反応)によってゾル化し、その後、溶媒を減少させゲル状物質を取り出します。そのゲル状物質を加熱し、目的とした物質を得る方法です。その出発現状としては金属アルコキシドが使われることが多くあります。なお、この方法を利用してＰＴＺ薄膜などが作られます。

気相法

ガス化した原料を電気炉、火炎、電気スパーク等の高温で分解して、電子と原子核がバラバラになったプラズマ状態として反応させ、生成した紛体を捕集する方法です。

この方法を用いると原料元素を均一に分散させたり、濃度を徐々に変化させたり（傾斜配分）、あるいは色々な成分を何層にも重ねることもできます。ただし、気体のため濃度が低く、バルクな材料を作るのは困難です。そのため、フィルムや被覆、あるいは粉末作成が主な用途となります。薄膜ダイヤモンドなどが典型的な例です。

気相法には物理的方法（ＰＶＤ）と化学的方法（ＣＶＤ）があります。

物理的気相成長法ＰＶＤ

高真空中で、原料個体の表面を電子ビームやプラズマを利用して蒸発させたり、高電圧でイオン化させた不活性ガス（アルゴンArなど）を衝突させることで原料を原子やイオンにします。

気化した原料は基盤に向かって飛んでいき、そこで堆積してセラミックスフィルムになります。製品に付着させれば製品をセラミックスで被覆する事なります。

化学的気相成長法CVD

原料が気体ならそのまま、液体なら蒸発、固体なら高熱高真空で昇華させることで気体とし、不活性ガスのキャリアーガスを用いて目的の基盤まで誘導します。そこで分解や反応と言った化学的過程を経てセラミックスを生成します。

Chapter.4 セラミックスの構造

セラミックスを構成しているもの

セラミックスを構成しているもの、原料にはいろいろありますが主に無機元素と無機分子と言って良いでしょう。

有機分子と無機分子

分子には有機分子と無機分子がありますが、有機分子と言うのは、以前は、生命体だけが作ることのできる分子と考えられていました。しかし、その後の研究で、それまで有機物と考えられていた全ての分子が人為的に化学合成できることが明らかになりした。

その結果、現在では有機物とは、炭素Cを含む化合物で、二酸化炭素CO_2、シアン化水素（青酸ガス）HCNなど、構造の簡単なものを除いたものと考えられています。その一方で、炭素だけからできた物質、炭素の単体であるダイヤモンド、黒鉛(グラファイト)、各種のフラーレン、カーボンナノチューブなどは無機物とされています。

有機分子を作る元素は主に炭素、水素H、酸素O、それとわずかながら窒素N、イオウS、リンPなどです。

それに対して無機分子は有機分子以外の全ての分子であり、それを構成する元素は周期表に載っている118種類全ての元素です。セラミックスの対象になる元素は宇宙に存在する全ての元素なのです。

金属元素と非金属元素

現在の周期表には全部で118種類の元素が記載されていますが、地球上の自然界に存在するのは原子番号92のウランまでであり、それ以上の元素は原子炉で人工的に作られた人工元素であり、超ウラン元素と呼ばれます。

このうち非金属元素は1族の水素以外は全て周期表の右上に固まっており、全部で22種類しかありません。自然界に在る元素で考えれば、残り70種類は金属元素なのです。金属元素の種類がいかに多いのかが良くわかります。

なお、金属元素とは次の三つの条件を満たすものとされています。

❶金属光沢を持つ

❷伝導性を持つ

❸展性（箔になる）、延性（針金になる）を持つ

レアメタルとレアアース

金属の中には、世界的にはたくさんあるのに、日本にだけ無いという不合理なものがあります。このような金属をレアメタル（希少金属）と言い、全部で47種類が指定されてい

●周期表

	1	2	3	4	5	6	7	8	9	10	11	12	13	14	15	16	17	18
1	H																	He
2	Li	Be											B	C	N	O	F	Ne
3	Na	Mg											Al	Si	P	S	Cl	Ar
4	K	Ca	Sc	Ti	V	Cr	Mn	Fe	Co	Ni	Cu	Zn	Ga	Ge	As	Se	Br	Kr
5	Rb	Sr	Y	Zr	Nb	Mo	Tc	Ru	Rh	Pd	Ag	Cd	In	Sn	Sb	Te	I	Xe
6	Cs	Ba	Ln	Hf	Ta	W	Re	Os	Ir	Pt	Au	Hg	Tl	Pb	Bi	Po	At	Rn
7	Fr	Ra	An	Rf	Db	Sg	Bh	Hs	Mt	Ds	Rg	Cn	Nh	Fl	Mc	Lv	Ts	Og

ランタノイド(Ln)	La	Ce	Pr	Nd	Pm	Sm	Eu	Gd	Tb	Dy	Ho	Er	Tm	Yb	Lu
アクチノイド(An)	Ac	Th	Pa	U	Np	Pu	Am	Cm	Bk	Cf	Es	Fm	Md	No	Lr

ます。全部で70種類の金属元素のうち、47種類が希少だというのですから、なにやら素直に頷けない所もありますが、レアメタルは政治、経済的な観点から決められたものであり、化学とは無関係な定義です。

この47種類のレアメタルうち特定の17種類を特にレアアースと言います。レアアースは日本名が希土類であり、これは化学的な分類です。つまり周期表3族のうち上部2個、つまり、スカンジウムSc、イットリウムYと、周期表本体の下部に付録のような形で着いている表に収まっているランタノイド元素、全15種類です。

レアアース金属は発光性、発色性、磁性、レーザー発振性など、現代科学産業の最先端部分を受け持つエリートレアメタルです。それ以外の30種類の(ただの)レアメタルは主に鉄との合金として、ステンレス(不錆)、耐熱、超硬合金、など現代科学の土台を支える物として欠くことのできない存在となっています。今後、セラミックスが代替えとして働かなければならない分野と言って良いでしょう。

原子と分子

セラミックスの原料は原子と分子です。分子は原子が化学結合して作り上げた複雑な構造体と見ることができます。

原子とは

宇宙は物質とエネルギーからできています。物質というのは有限の体積と質量を持ったものの事を言います。物質を作る最小粒子が何なのかという問題は人類にとって究極の問題であり、それが何かは素粒子論が研究していますが、結論は出ていません。

しかし、目に見える物質を扱う研究、化学やセラミックス、生物などでは最小粒子を原子と考え、全ての物質は原子で出来ていると考え、そこから後の事象を扱います。

❶ 原子

原子を見ることとは量子力学の「ハイゼンベルグの不確定性原理」で不可能であることが証明されているので、原子を見た人はいませんし今後も出てこないでしょう。とは言うものの、原子の位置は電子顕微鏡で「見る」ことができますし、原子1個1個をピンセットで挟むようにして自由に動かして、文字の形に並べたり、線描きの絵のように並べることは50年も前に可能になっています。

地球の自然界に在る原子は90種類ほどですが、それらは大きさの順に原子番号（記号Z）という番号が振られています。最小の原子である水素原子HはZ＝1、最大のウランUはZ＝92です。最近の人類は原子を作ることも覚え、その様な人工原子の最大の物はZ＝118となっています。

❷ 原子構造

原子を最小の粒子と言っておきながら「原子の構造」と言い出すのが矛盾していることは重々承知していますが、物質屋の暗黙の了解としてください。

原子は雲でできた球のような物と考えられています。雲のように見えるのは電子であり、一般に電子雲と言われます。その真ん中に非常に小さくて、非常に重い(密度が高い)微粒子があり、これを原子核と言います。

原子と原子核の直径の比はおよそ1万ですから、原子核の直径を1㎝とすれば、原子直径は1万㎝、すなわち100mになります。これは東京ドーム2個を貼り合わせた巨大ドラ焼きを原子とすると、原子核はピッチャーマウンドに転がるビー玉ということになります。

ところが、原子の重さの99・9%以上は原子核にあります。つまり電子雲は雲と言われるように、体積だけ有って実体が無いような物なのですが、原子の化学的性質は全て電子雲の挙動に掛かっています。これはセラミックスも同じです。セラミックスが如何に硬くて頑丈だと言っても、所詮はこんなにはかない電子雲の寄せ集りに過ぎないのです。

原子番号Zの原子の原子核はプラスZ(電荷+N)に荷電しており、その周りにZ個

●電子雲と原子核

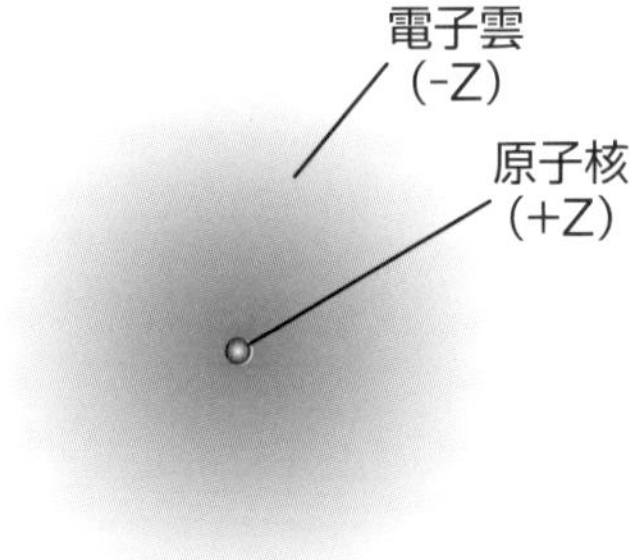

の電子が存在します。そして1個の電子はマイナス1（電荷−1）に荷電しています。したがって原子は原子核の電+Nと電子雲全体の電荷−Nが釣り合うので、全体として電気的に中性となっています。

分子とは

分子というのは複数個、複数種類の原子が結合して作った構造体です。ダイヤモンドや水素分子H_2、酸素分子O_2などのように、ただ一種類の原子からできた分子を単体、それに対して水H_2O、硫酸H_2SO_4などのように、複数種類の原子からできた分子を化合物と言うこともあります。

ダイヤモンドとグラファイト、あるいは酸素分子O_2とオゾン分子O_3などのように、同じ原子からできた単体同士を互いに同素体と言います。

原子を繋ぐ結合（化学結合）には多くの種類がありますが、セラミックスの原料となる無機分子を作る結合は主にイオン結合、金属結合と共有結合です。

イオン結合

イオン結合は陽イオンと陰イオンの間の静電引力です。

陽イオンと陰イオン

原子を構成する電子は割と自由であり、原子から飛び出したり、他の原子に移動したりすることができます。電子が飛び出した原子はマイナス電荷が1だけ減ることになるので、反対に原子核のプラス電荷が+1だけ過剰になる事になり、全体で+1に荷電する事になります。

このようなものを陽イオン（カチオン）といいます。もし2個の電子が出て行ったら+2価の陽イオンができることになります。反対に電子が入って来た原子は−1になることになり、このような物を陰イオン（アニオン）と言います。

イオン間の静電引力

例えばナトリウム陽イオンNa^{+}と塩化物陰イオンCl^{-}が近づくと、両者の間に静電引力が働いて塩化ナトリウム（食塩）NaClという分子になります。これがイオン結合です。

ただし、図で見るように塩化ナトリウムの結晶において、NaClという分子（粒子）は存在しません。全ての構成粒子、Na^{+}とCl^{-}は、等価の立場で結合しています。つまり、あえて分子と言うなら$Na_{\infty}Cl_{\infty}$という巨大分子を想定しなければならないということになります。

このように、イオン結合は、結合に方

●イオン間の静電引力

Na^{+} ……… Cl^{-}

イオン結合

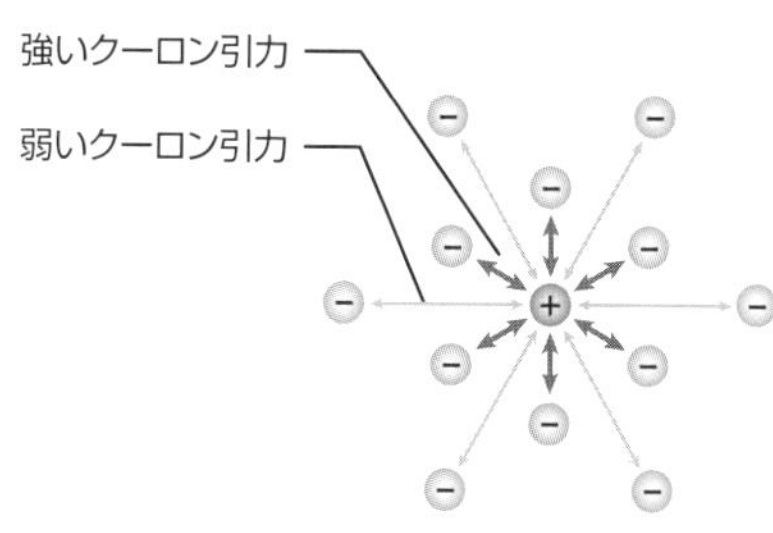

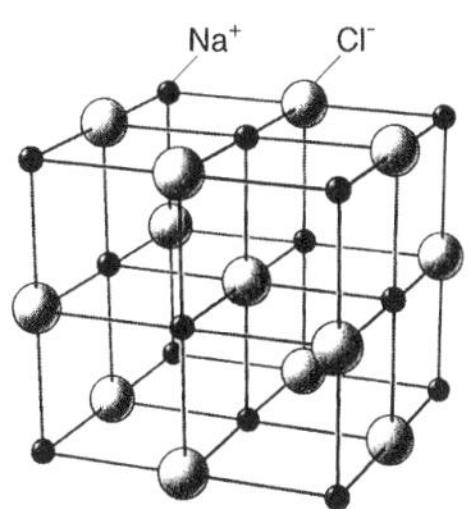

無方向性・不飽和生

向性がありません。陽イオンの周りに居る陰イオンは、たとえどの方向に居ようと、距離に応じた大きさの引力(イオン結合力)を受けることになります。これは後に見る共有結合と比べて大きな違いになります。

無機化合物にはイオン結合でできた分子がたくさんあります。それに対して有機化合物は本質的に共有結合でできています。

金属結合

金属原子を結び付けて金属塊にする力を金属結合と言います。金属は軟らかくて展性・延性があり、電気伝導性があります。この様な性質は結合とどのような関係にあるのでしょうか?

金属原子の結合

金属原子Mは結合を作るときにn個の価電子を全て放出してn価の金属陽イオンM^{n+}となります。M^{n+}は三次元に渡って整然と積み重なり、金属結晶の骨格を作ります。しかし、球の周囲には

●金属原子の結合

$$M \rightarrow M^{n+} + ne^-$$

金属原子　金属イオン　自由電子

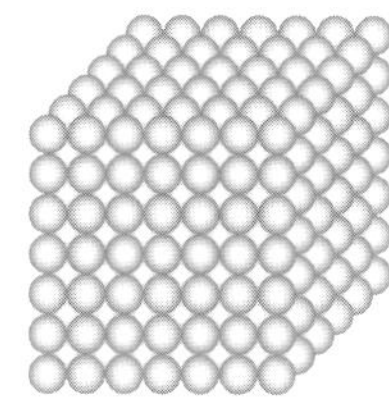

大きな空きスペースができます。自由電子は、この空きスペースを埋めるように入り込みます。すると、プラスに荷電した金属イオンの周囲をマイナスに荷電した電子が埋めることになるので、プラス電荷とマイナス電荷の間に静電引力が発生します。

簡単に言えば、木製の球（金属イオン）を水槽に積み上げ、その間に木工ボンド（自由電子）を入れたようなものです。金属イオンは自由電子を「糊」として結合するのです。

伝導度

電流は電子の流れです。電子がA地点からB地点に流れた時、電流がB地点からA地点に流れたと表現するのです。電子が内部を移動しやすい物質は良導体であり、移動できない物質が絶縁体です。金属は内部に自由電子がたく

●電子の流れ

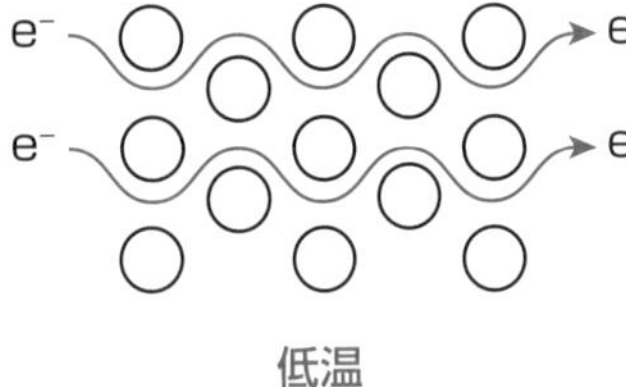

低温
スムーズに移動

高温
移動困難

さんあり、これが移動するので良導体です。

しかし、金属結晶内で自由電子は金属イオンの間をすり抜けるようにして移動します。自由電子にとっては巨大な金属イオンが動いていたのでは思うように移動できません。金属イオンの移動というのは熱振動の事です。

つまり、高温になると金属イオンの熱振動が激しくなり、電子は移動できなくなり、つまり伝導度は下がり、電気抵抗は大きくなります。グラフはそのことを表しています。

そして、金属イオンが熱振動を止める絶対零度に近い極低温になると、突如電気抵抗0、伝導度無限大という状態に突入します。この状態を超伝導状態、この温度を臨界温度と言います。

この状態ではコイルに発熱無しに大電流を流

●伝導度

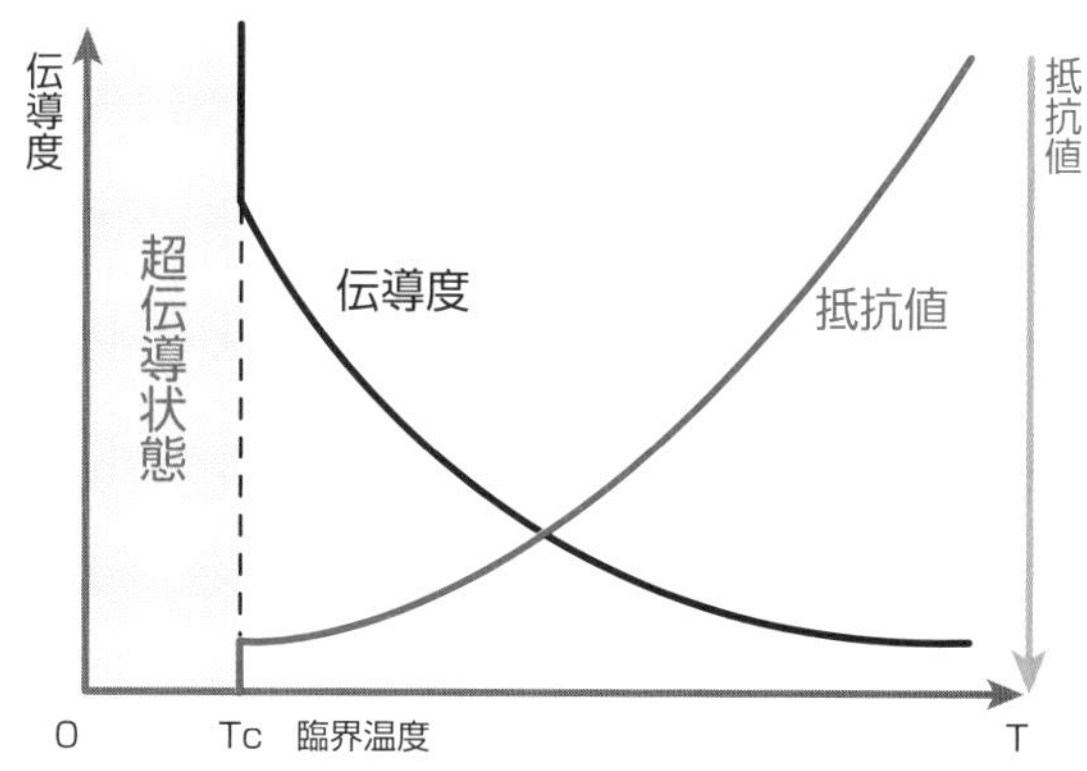

することができるので、超強力な電磁石を作ることができます。この様な磁石を超伝導磁石と言い、脳の断層写真を撮るMRIや超伝導リニアの車体を浮かせる力などに利用されています。

現在、各種の金属酸化物の焼結体を用いて、臨界温度は絶対温度(150Kケルビン、マイナス123度)ほどに上昇していますが、これらの物はコイルにできないので、実用的な臨界温度は相変わらず10Kほどのままで、米国からの輸入に頼っている液体ヘリウムが無ければ超伝導は利用できない状態です。セラミックスの奮起が期待されています。

固体の固さ

同じ結晶でも、食塩の結晶は硬くて脆いです。それに対して金属の結晶は軟らかくて柔軟です。この違いはどこから来るのでしょう?

図Aはイオン結晶を点線に沿って原子1個分、動かしたものです。動かす前は陽イオンと陰イオンが向かい合って両者の間に静電引力が発生し、結晶は結合エネルギーのおかげで安定な低エネルギー状態となっています。ところが動かすと同種のイオンが向き合い、静電反発が生じています。つまり、不安定な高エネルギー状態です。このために、イオン結晶は柔軟な動きができないのです。

図Bは金属結晶に同じことを行ったものです。金属の陽イオンを動かした後にも陽イオンの間には陰イオンの電子が存在し、金属イオンは電子を介して結合したままです。つまり、移動した後もこの安定なままなのです。

●イオン結合と金属結合の動き

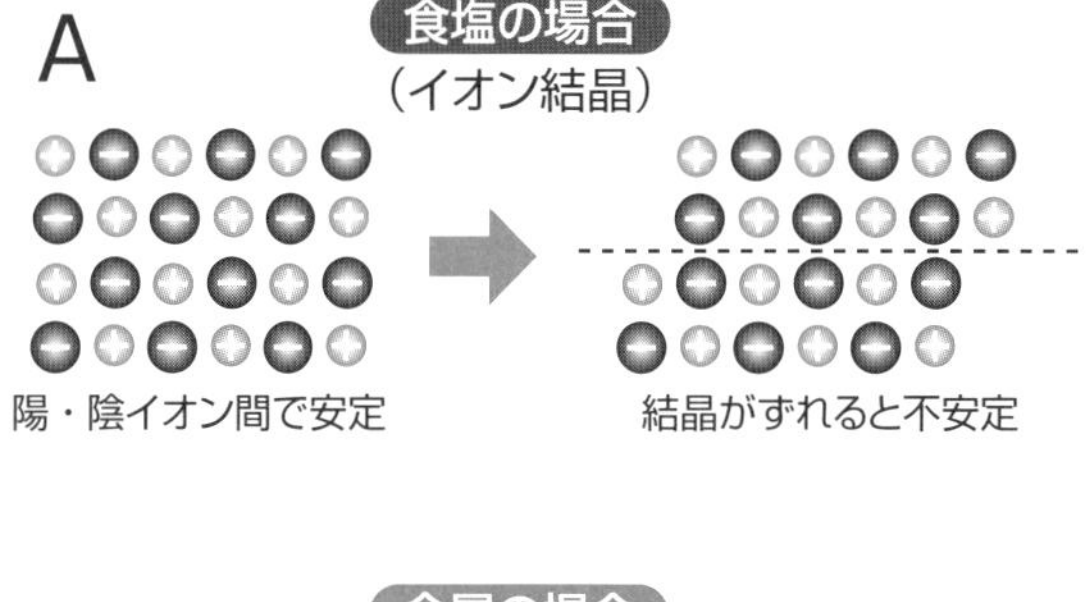

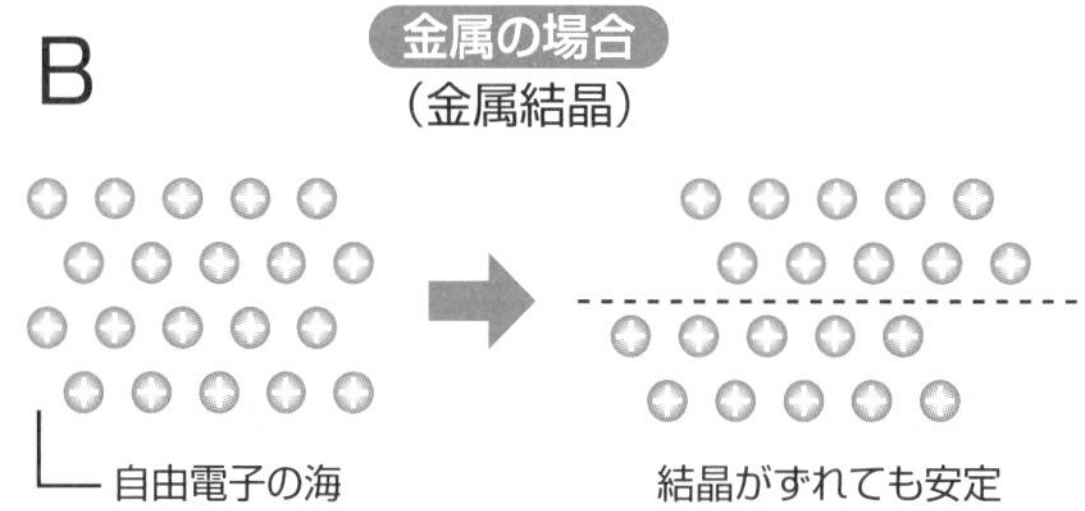

共有結合

水素分子H_2は2個の水素原子Hが結合したものです。この2個の原子は全く同格ですから、どちらが＋になるとかどちらが－になるとか言うことはありません。この様な電気的に等価な原子間に働く結合が共有結合です。共有結合は特に有機化合物を構成する結合として良く知られています。

共有結合の結合力

共有結合では、結合する2個の原子が互いに1個ずつの電子を出しあい、原子間でこの2個の電子「結合電子（雲）」を共有することによって結合します。「共有することで結合する」などという説明で分かるはずはありません。

水素分子の結合の模式図を見てください。2個の結合電子は2個の水素原子核の間の領域に存在しています。原子核と電子の間には静電引力が働きます。つまり、二個の水素原子核は結合電子雲を糊として結合しているのです。

共有結合は良く原子の握手に喩えられ、結合は結合手と言われることがあります。簡単でわかりやすい例えです。この例に従えば、水素結合では互いに1本ずつの手を出しあって結合していることになります。

結合角度

共有結合はイオン結合や金属結合とは全く異なった特徴的な性質を持っています。

共有結合には方向性があります。つまり、特定の方向にしか効かないのです。例えば水分子では

●共有結合

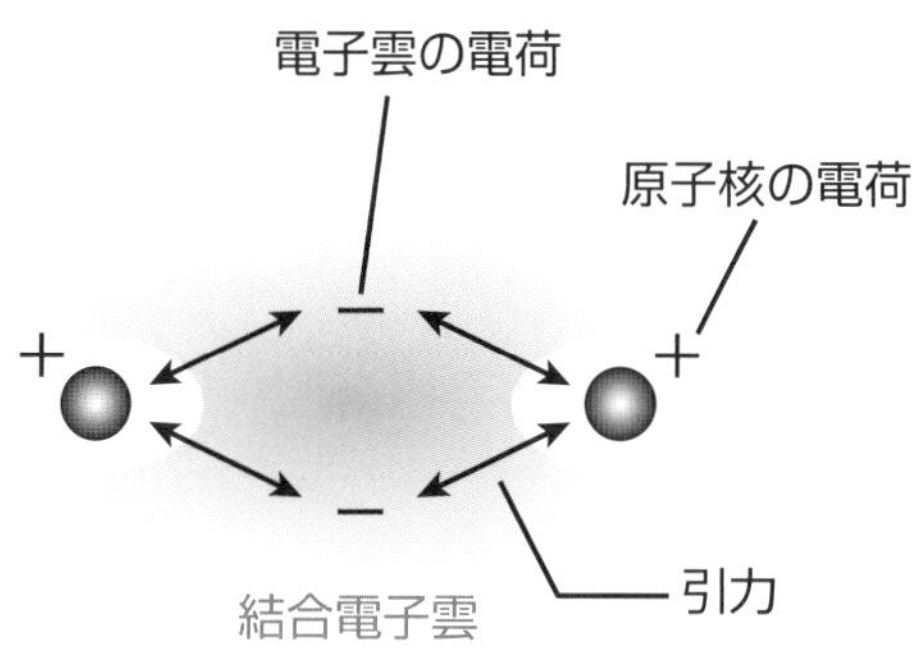

H_2Oの3個の原子がH-O-Hいう順序で共有結合していますが、この分子の形は一直線形ではありません。∠HOH＝104・5度とへの字型に曲がっています。

一方、同じように3個の原子でできた二酸化炭素CO_2はO=C=Oの順序で結合して一直線状になっています。

この様に、共有結合の結合の手は特定の方向を向いており、その方向でのみ他の原子と結合することができます。

●結合角度

(−) O (+) H (+) H 104.5° 水素結合 O H H

多重結合(不飽和結合)

原子のなかには共有結合に使うことのできる電子を複数個持っている物があります。この様な原子として、酸素O(2個)、窒素N(3個)、炭素C(4個)などがあります。

この様な原子は複数本の共有結合を作ることができます。これは先ほどの結合手という言葉を使えば、酸素は2本、窒素は3本、炭素は4本、そして水素は1本の結合手を持っていることになります。

例えば酸素は2本の手でそれぞれ水素と握手すればエ-O-エという水を作ることができると言うわけです。また、酸素同士は違いに2本の手を使って、つまり両手で結合することができます。これをO=Oと描いて、このような結合を二重結合と言います。

窒素は3本の結合手を持っているのでN≡Nと三重結合を作ることができます。炭素は4本の結合手を持っていますが、三重結合までしか作ることができません。共有結合には三重結合までしかありません。四重結合は存在しません。

二重結合、三重結合を不飽和結合(多重結合)、エ-エのような一重結合(単結合)を飽和結合と呼ぶこともあります。

●多重結合

原子	H	C	N	O
結合手の本数	1	4	3	2

二重結合

```
       O
       ‖
H − O − S − O − H
       ‖
       O
```

硫酸 H_2SO_4

三重結合

H − C ≡ C − H

アセチレン

SECTION 21

分子間力

分子同士が結合して更に大きくて複雑な構造の分子となることもありますが、滅多にありません。原則として分子は結合しません。しかし、分子同士が引きつけ合うことはいくらでもあります。

この引力は結合に比べて弱いので、結合とは言わず、分子間力と言います。分子間力には水素結合とファンデルワールス力が良く知られています。

水素結合

原子には電子を引き付けて陰イオンになろうとする

●電気陰性度

H 2.1							He
Li 1.0	Be 1.5	B 2.0	C 2.5	N 3.0	O 3.5	F 4.0	Ne
Na 0.9	Mg 1.2	Al 1.5	Si 1.8	P 2.1	S 2.5	Cl 3.0	Ar
K 0.8	Ca 1.0	Ga 1.3	Ge 1.8	As 2.0	Se 2.4	Br 2.8	Kr

傾向があります。この傾向の大小を表す指標に電気陰性度があります。

電気陰性度の数値が大きければ大きいほど電子を引きつける力が大きいことになります。この力は一般に周期表の右上に行くほど大きく、左下に行くほど小さくなります。

水素Hは電気陰性度が2・1と最も小さく、酸素Oは3・5と最大の部類です。もしHとOが結合したら、その結合電子雲はOの側に引き寄せられるでしょう、その結果、水素は電子不足になって幾分+（δ+デルタプラス）になり、反対に酸素は幾分−（δ−デルタマイナス）に荷電することになります。

これが水分子の結合状態です。このように分子間に+の部分と−の部分を持った構造を

●氷の単結晶X線解析図

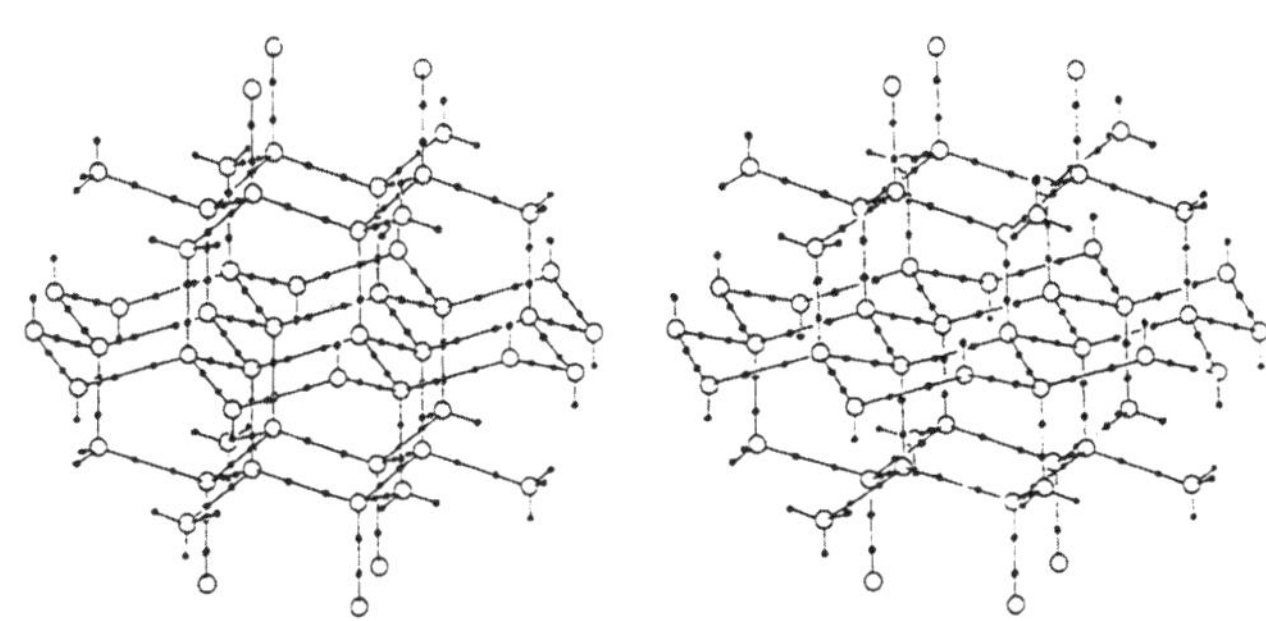

※笹田義男、大橋裕二、斎藤喜彦編、結晶の分子科学入門, P.100, 図3.19, 講談社(1989)

イオン構造、あるいは、分極構造と呼びます。水分子はこの結果、2個の水分子のHとOの間には静電引力が生じます。この引力を水素結合と言います。

液体の水中では多くの水分子が水素結合で引きつけ合って集合(クラスター)を形成しています。これの究極の形が水の結晶である氷の結晶構造です。ここでは水分子が三次元的に整然と積み重なり、各酸素と水素の間には水素結合が働いています。この分子配列はダイヤモンドにおける原子配列と全く同じものです。

ファンデルワールス力

全ての原子、分子の間には引力が働いています。これを、発見した人の名前を取ってファンデルワールス力と言います。

ファンデルワールス力は三つの成分からなり、そのうち二つはイオン結合や水素結合と同じように分子の分極構造に基づく静電引力に起因するものです。

しかし、ファンデルワールス力は原子や無極性分子のように、分子内に+と−部分を持たない粒子間にも働きます。この引力を特にファンデルワールス力のうちの「分散力」と呼びます。

これは電子雲の「揺らぎ」によるものと説明されています。つまり雲のように(揺らぐ)電子雲は常に一箇所に留まるわけではなく、揺らぎ漂います。すると、原子核の位置との相対的な関係によって原子内に「瞬間的」に＋と－の部分(瞬間双極子)が生じます。

これに誘起されて隣の原子も電荷の分離(誘起双極子)が生じ、その結果、両者の間に瞬間的な静電引力が働きます。

この引力は一箇所としては極

●ファンデルワールス力

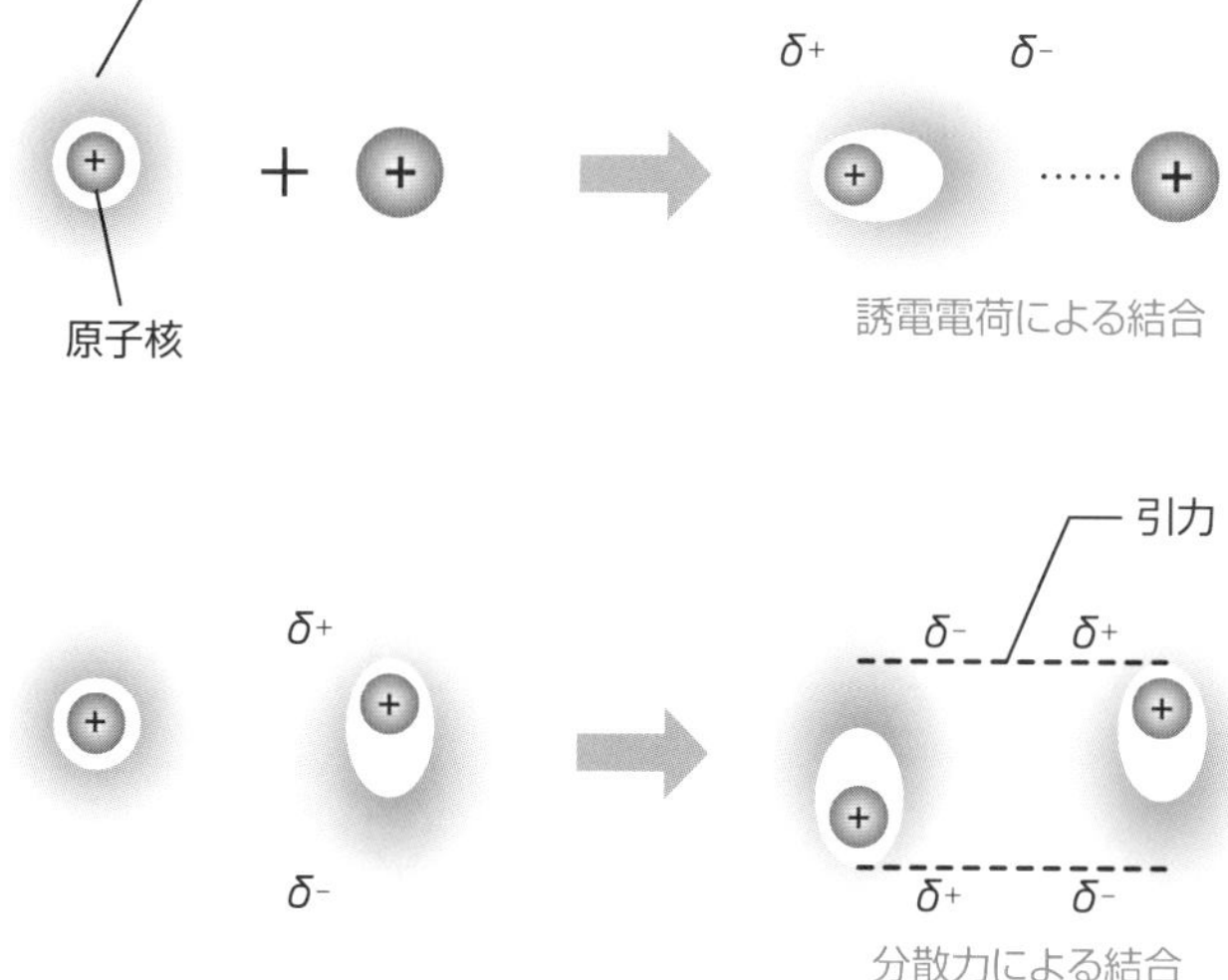

く弱い力ですが分子集団全体としては非常に大きい力となります。セラミックスにおける構成粒子間の引力はこのようなファンデルワールス力によるものと考えられています。

Chapter.5 セラミックスと結晶

SECTION 22

状態とは何だろう?

水は低温では結晶(固体)の氷となり、高温では気体の水蒸気となり、その中間の温度では液体となっています。この様な固体、液体、気体などを「物質の状態」と言います。状態には液晶や分子膜などいろいろのものがありますが、結晶(固体)、液体、気体は典型的な状態なので特に「物質の三態」と言うことがあります。

状態図

結晶は原子や分子等の構成粒子が三次元に渡って整然と積み重なった状態であり、液体はそれが崩れて

●物質の三態

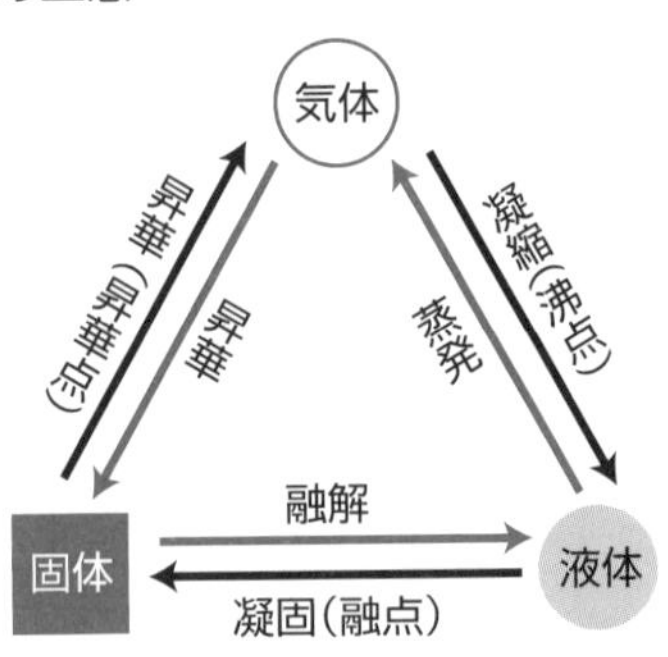

秩序状態になり、構成粒子に流動性が出た状態であり、気体は構成粒子がジェット機並みの速度で飛び交っている状態です。

物質は置かれた環境、すなわち温度、圧力に応じて色々の状態の間を変化します。この様な変化にはそれぞれ固有の名前が着いています。物質が在る圧力P、温度Tの下でどのような状態を取るかを表したグラフを状態図と言います。

図は水の状態図です。３本の線分、ａｂ、ａｃ、ａｄで3個の領域Ⅰ、Ⅱ、Ⅲに分けられています。温度T、圧力Pを表す点(P・T)が領域Ⅰの中にある場合には水は固体(氷)であり、Ⅱにある場合には液体であることを示します。また点(P・

●水の状態図

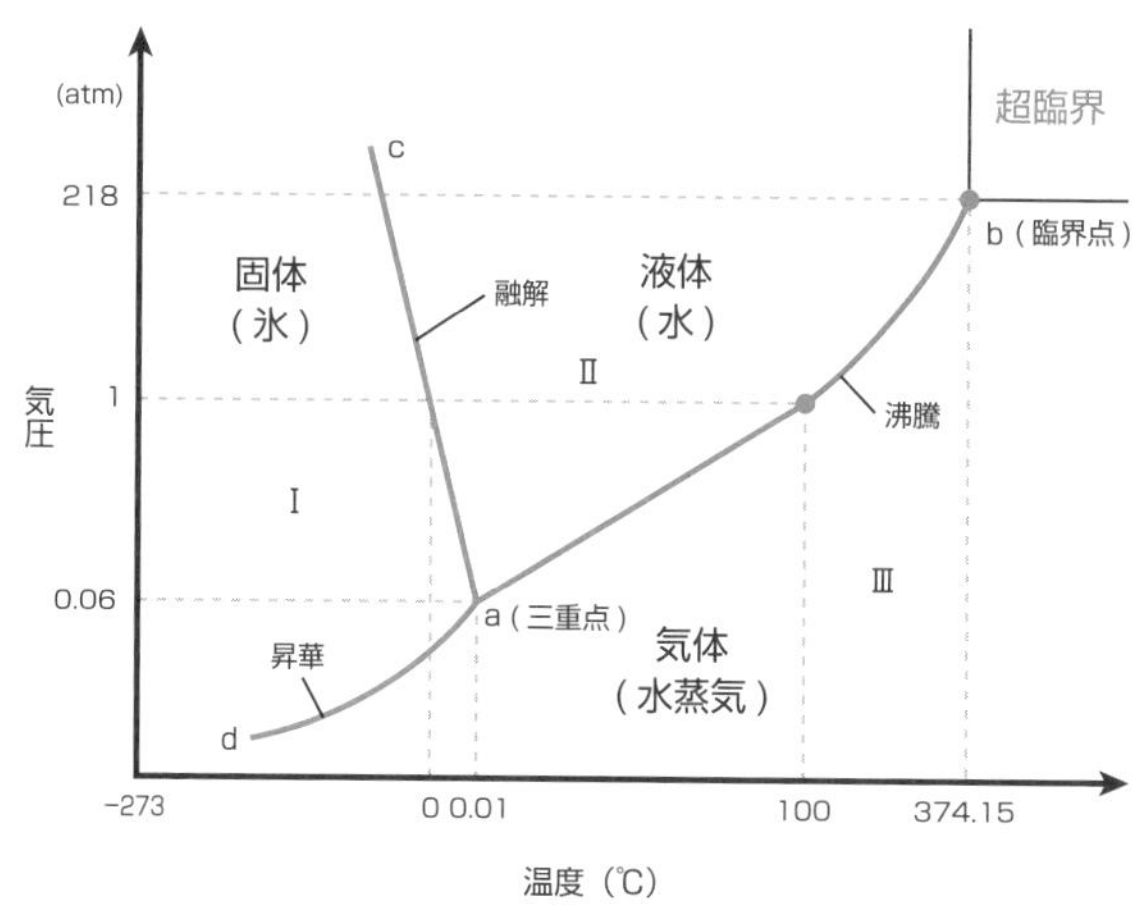

T)が線分上にある場合には、その線分を挟む両方の状態が共存します。つまり線分ab上にある場合には液体と気体の共存する状態、すなわち沸騰状態であることを意味します。1気圧の横線と線分abの交点の温度は100度になっています。これは1気圧の沸点が100度であることを示しています。

三重点と臨界点

温度と圧力を変化させると、水は異常な状態を示します。つまり氷水が沸騰し、液体の性質と気体の性質を併せ持つ状態になるのです。このように特殊な状態の水は最近の研究の的になっています。

❶三重点

もし、点(P・T)が状態図の点aに重なったらどうなるのでしょう? 状態図によれば、この点では結晶、液体、気体の三状態が接しています。つまりこの条件、すなわち0・06気圧、0・01度では氷、液体の水、水蒸気の三状態が共存するのです。これは氷水が沸騰することを意味します。しかし、このような非日常的な状態が実現するためには0・06気圧と言う真空に近い条件が無ければなりません。

❷臨界点

線分acを延長すると絶対0度(0Kケルビン、マイナス273度)の縦線にぶつかります。温度は、0K以下はありませんから、線分acはここで終わりになります。線分adも同様です。ところが、線分abはどこまでも伸びていきそうです。しかし、線分abは点b(218気圧、374度)で終わりなのです。

点bを臨界点と言います。そして温度、圧力が臨界点を超えた状態を超臨界状態、その状態の水を超臨界水と言います。超臨界状態では液体状態と気体状態を分ける線分が存在しません。これは、水は沸騰することなく水蒸気になり、水蒸気は凝縮することなく水になることを意味します。つまり、水と水蒸気の区別が無くなるのです。

超臨界水は水の0・03~0・4倍という、水蒸気に比べて非常に高い密度と気体としての激しい分子運動の両方を持っているのです。その上、超臨界水は普通の水とは異なった性質を持ちます。それは有機物をも溶かすと言う強い溶解性や強い酸化能力として現れます。

この性質は公害物質であるＰＣＢの分解や、有機反応の溶媒として用いられています。二酸化炭素はより緩やかな条件（7・4気圧、31度）で超臨界状態になります。これらを用いると有機溶媒による公害の除去などが期待されるため、現在精力的な研究が行われています。

単結晶・多結晶

結晶性の物質は金属を始めとしてたくさんあります。しかし、一般に結晶性の物質という場合には、1個の固体がそのまま1個の結晶という物質と、たくさんの結晶が集まって1個の固体になっている物があります。前者を単結晶、後者を多結晶と言います。

全ての金属は多結晶と見て良いでしょう。単結晶は

●単結晶・多結晶

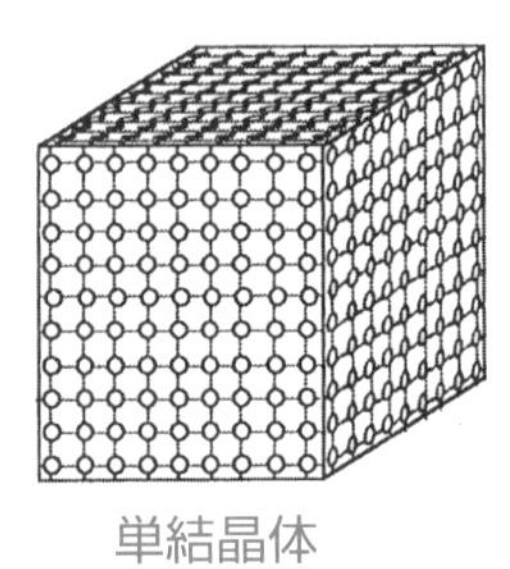

単結晶体　　多結晶体

ダイヤやルビーなどのように、一般に透明な物が多いようです。単結晶としては透明でも、多結晶になると結晶境界面で光の反射が起き、不透明になります。かき氷の原理です。太陽電池に使う高純度シリコンはセブンナイン以上という高純度であるだけでなく、単結晶であることを要求します。多結晶シリコンでも太陽電池は出来なくはありませんが、性能(エネルギー変換効率)は大きく劣るようです。

単結晶の作製

単結晶を作る方法は宝石や単結晶シリコンを作ることにつながるため、いくつかの方法が考案されています。

❶ 飽和水溶液

ミョウバン$KAl(SO_4)_2$のように原料が水に溶ける場合には原料の飽和水溶液を作り、そこに種結晶を入れて放冷、放置すれば溶解度が下がり、水が蒸発することによって容器内に大きな結晶が成長します。

❷チョクラルスキー法

単結晶シリコンのように直径が30㎝にもなるような大きな単結晶を作る場合には、原料をルツボに入れて熔融した後、種結晶を入れ、それをゆっくりと静かに引き上げるようにして単結晶を成長させます。

❸ブリッジマン法

ルツボに入れた熔融原料を温度勾配の有る電気炉の中を時間かけて移動し、結晶を成長させます。

●チョクラルスキー法

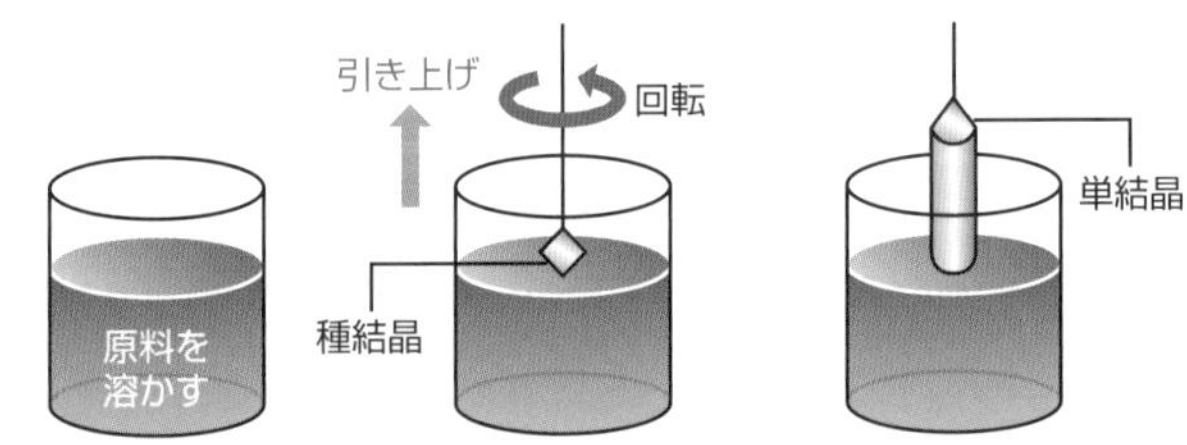

●ブリッジマン法

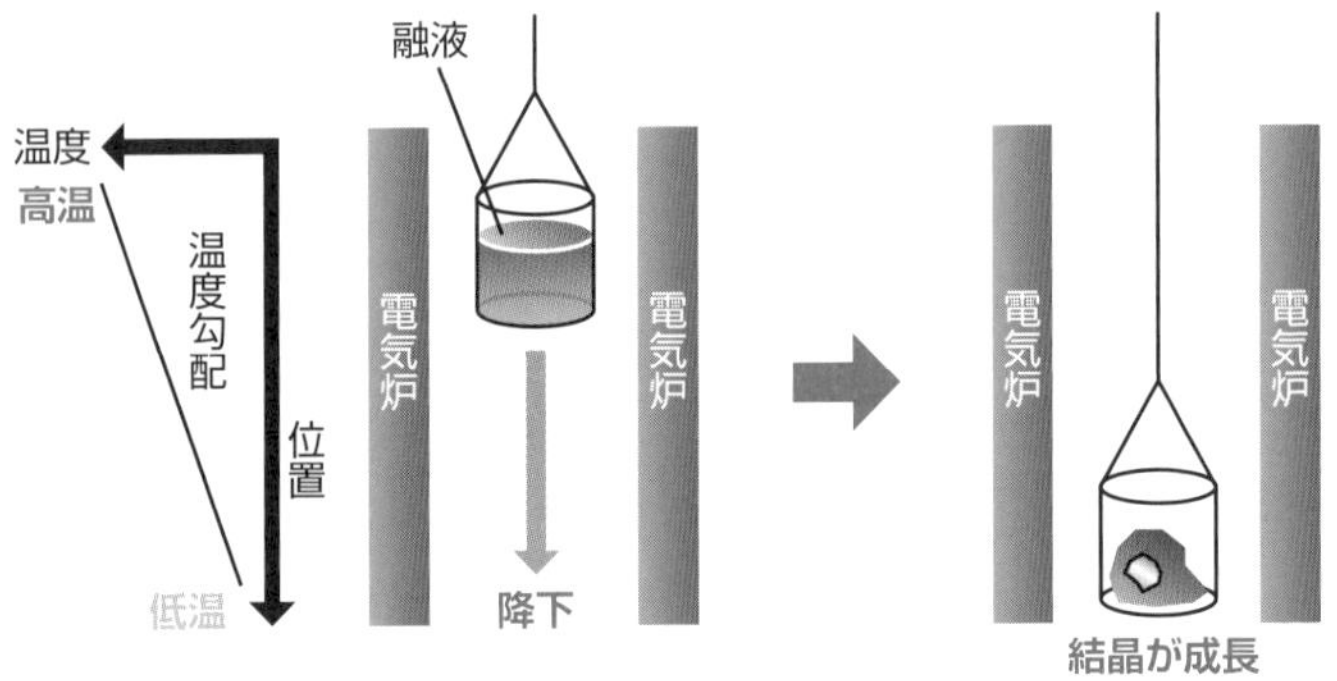

結晶の構造

結晶を構成する分子は三次元にわたって整然と積み重なっています。この積み重なり方はいろいろありますが、分子が単位構造を作り、それが無限大に積み重なったものと見ることができます。

このように考えたとき、この単位構造を単位格子と言い、格子を作る各点を格子点と言います。

ブラベ格子

結晶構造には色々ありそうですが、実はそうでもありません。図に14種類の単位格子を示しました。これらを発見者の名前を取ってブラベ格子と言います。そして、全ての結晶構造はこのブラベ格子からなっているのです。

単位格視の特徴は格子定数で表されます。格子定数は、格子の3辺の長さの比（a、b、c）とその辺の成す角度（α、β、γ）からできています。

七晶系

14個のブラベ格子は格子定数によって7種の晶系に分類されます。例えば、3辺の長さ（a=b=c）と三つの角度（α=β=γ）が等しければ立方晶系（立方体）となります。一方、全ての辺の長さと（a≠b≠c）角度（α≠β≠γ）が異なるものを三斜格子と言います。そしてこの両者の中間の組み合わせとして正方晶系、斜方晶系、三方晶系などの各種晶系があります。

そして各晶系には、外側の枠だけでできた単純格子、中心に1個の分子の入った体心格子、また、全ての面、あるいは特定面の中心に1個ずつの分子の入った面心立方格子の3種類がありえます。

しかし、実際には全ての可能性が実現されているわけではなく、自然界に存在するのは図に示した14種類だけであり、それをブラベ格子と言うのです。

●ブラベ格子

晶系	格子定数	単純格子	体心格子	底心，面心格子
立方晶系	$a = b = c$ $\alpha = \beta = \gamma = 90°$	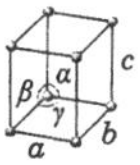 単純立方格子	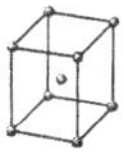 体心立方格子	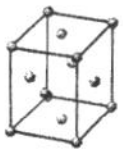 面心立方格子
正方晶系	$a = b \neq c$ $\alpha = \beta = \gamma = 90°$	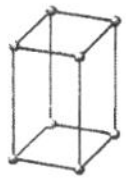 単純正方格子	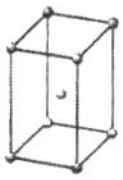 体心正方格子	
斜方晶系	$a \neq b \neq c$ $\alpha = \beta = \gamma = 90°$	 単純斜方格子	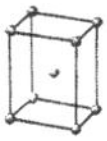 体心斜方格子	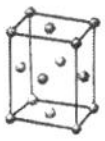 面心斜方格子 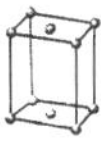 底心斜方格子
三方晶系	$a = b = c$ $\alpha = \beta = 90°$ $\gamma \neq 90°$	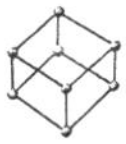 三方格子	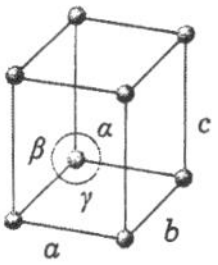	
六方晶系	$a = b \neq c$ $\alpha = \beta = 90°$ $\gamma = 120°$	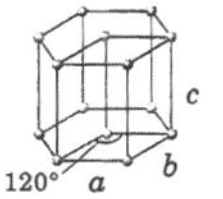 六方格子		
単斜晶系	$a \neq b \neq c$ $\alpha = \gamma = 90°$ $\beta \neq 90°$	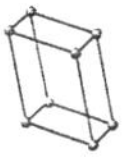 単純単斜格子		 底心単斜格子
三斜晶系	$a \neq b \neq c$ $\alpha \neq \beta \neq \gamma \neq 90°$	 三斜格子		

格子定数
格子の辺の長さの比 a, b, c
結晶軸となす角度 α, β, γ

結晶の種類

結晶は、その結晶を構成する粒子の種類によって分類することもできます。イオン、分子、金属イオンなどが基本的な構成粒子です。

❶イオン結晶

塩化ナトリウムのように、プラスとマイナスのイオンからできた結晶です。一般にイオン結晶では陰イオンが大きいので、陽イオンは陰イオンの格子に埋没したような形になります。このとき、陽イオンの回りに何個の陰イオンがあるかによって4、6、8配位構造があることが知られています。

陽イオンの体積が小さくなるほど配位数が小さくなります。塩化ナトリウムは中間の6配位です。

●イオン結晶

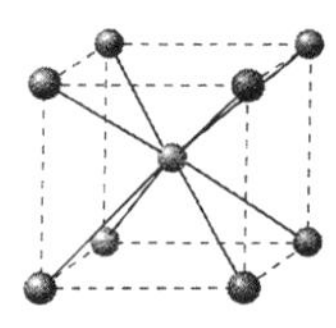
8配位塩化セシウム(CsCl)
体心立方格子

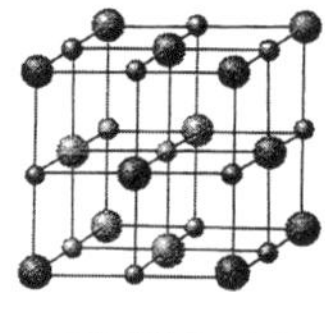
6配位岩塩(NaCl)
面心立方格子

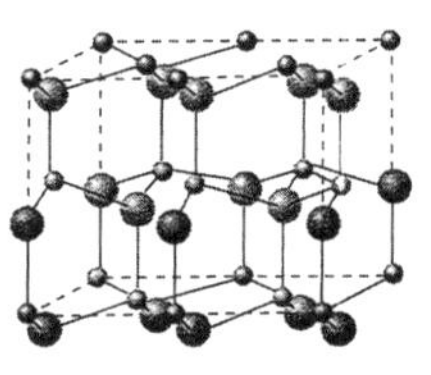
4配位ウルツ鉱(ZnS)
六方晶系

❷分子結晶

水や二酸化炭素の結晶のように、分子が単位粒子となった結晶です。有機物の結晶はほとんど全てが分子結晶であり、その種類も様式も多様です。

❸金属結晶

金属の造る結晶を金属結晶と言います。金属結晶における金属イオンの積み重なり方は単純といえるでしょう。すなわち、一定空間にできるだけたくさんの球を積み重ねるというのが方針です。

●分子結晶

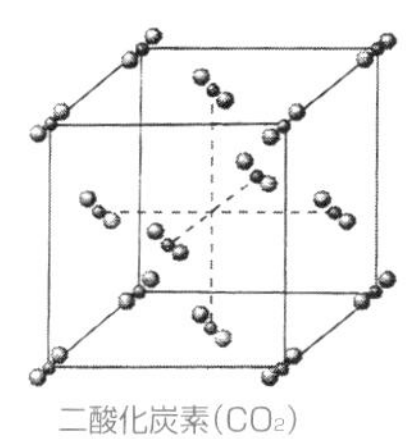
二酸化炭素(CO_2)

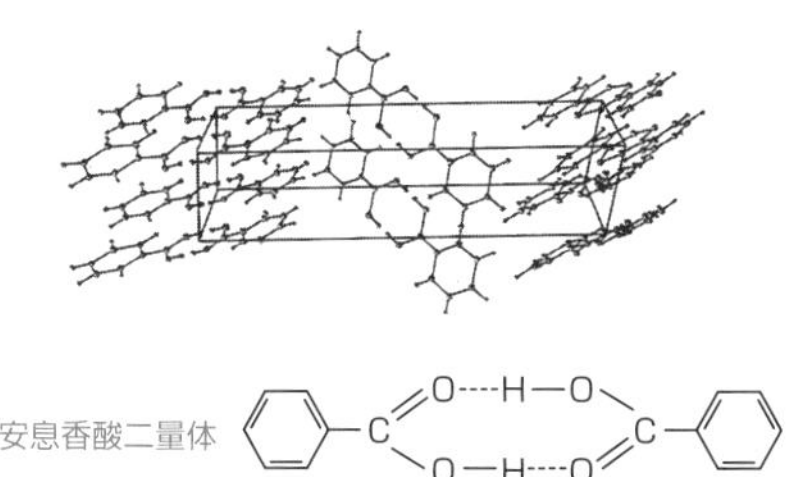
安息香酸二量体

●金属結晶

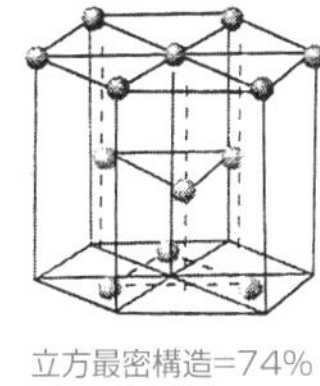
立方最密構造=74%
(面心立方構造)

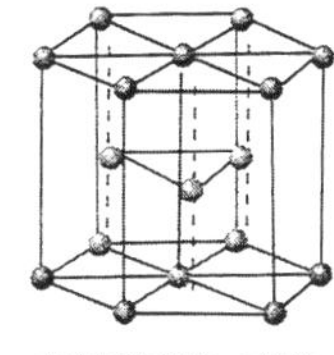
六方最密構造=74%

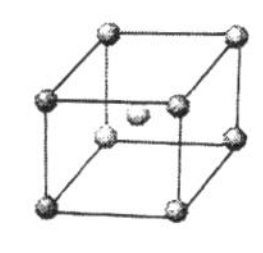
体心立方構造=68%

このように考えたとき、最もたくさんの球を詰めることができるのは面心立方格子（立方最密構造）と六方最密構造であり、この二種類の詰め方は共に空間の74％を球で占めることができます。その次が体心立方格子であり、空間の68％を球で占めます。

金属は、この三種類の結晶構造をとりますが、温度によって異なる結晶構造をとるものもあります。

図に、各種金属の取る結晶系を示しました。二つの結晶系が書いてあるものは温度によって結晶系が異なることを表します。

●主な金属の結晶系

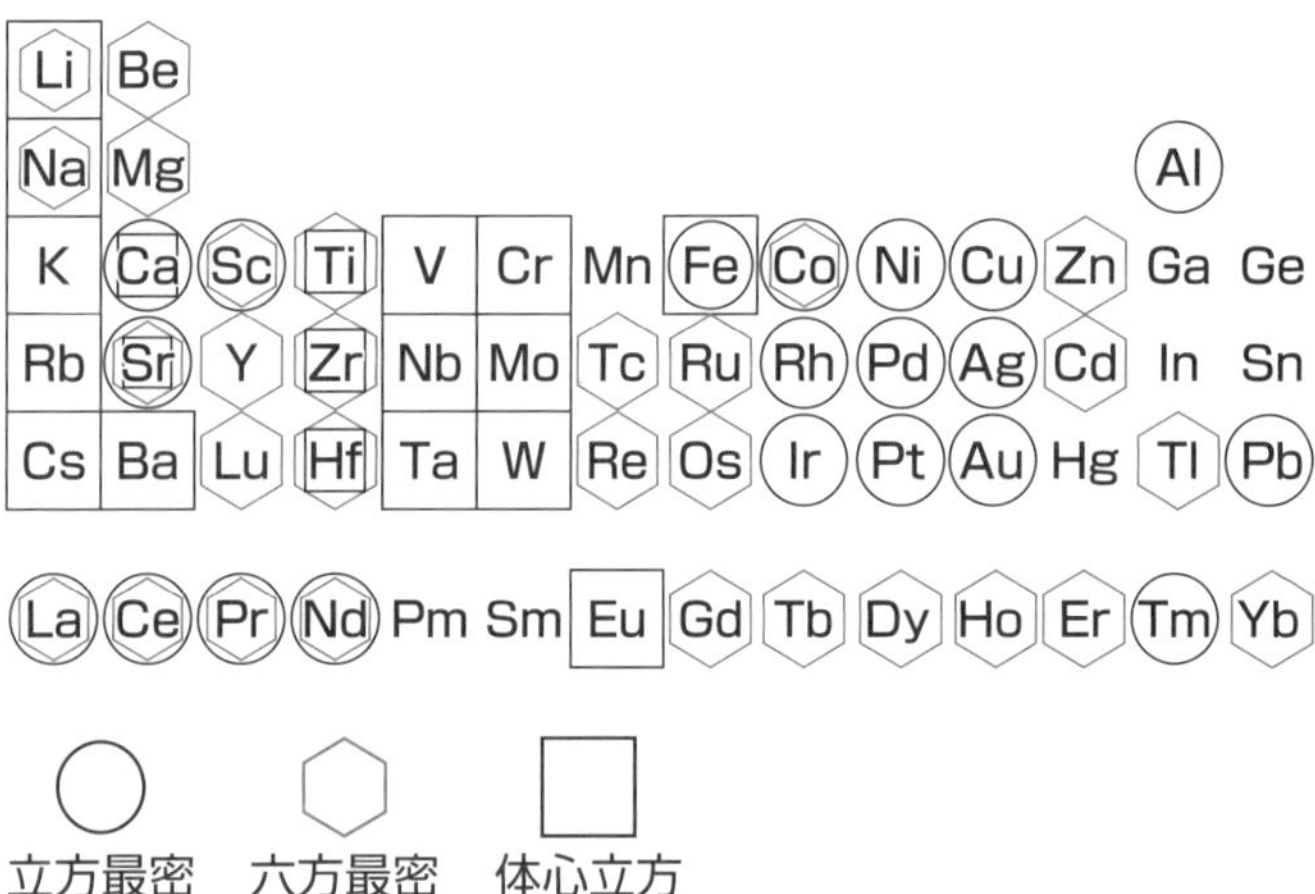

❹ 共有結合性結晶

共有結合性結晶は、この三種の結晶とは全く異なります。すなわち三種では独立した単位粒子が積み重なっていましたが、共有結合性結晶では構成粒子が全て互いに結合しているのです。その意味では結晶全体で1個の分子と言っても良いかもしれません。

共有結合性結晶の代表はダイヤモンドです。ダイヤモンドでは全ての炭素が、sp^3混成状態となって互いに共有結合をしています。またグラファイト（黒鉛）では、炭素は鳥かごの金網のように6角形を単位構造とした平面構造をとり、それが積み重なった構造をしています。黒鉛が鉛筆の芯にされるようにやわらかいのは、力が加わると層が滑ることによります。

●共有結合性結晶

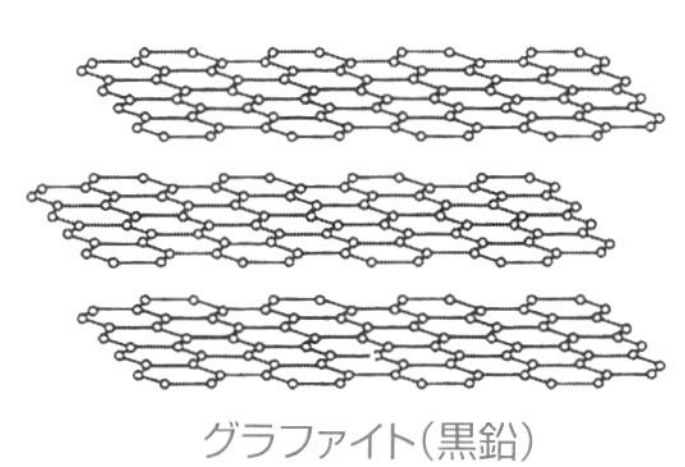

グラファイト（黒鉛）

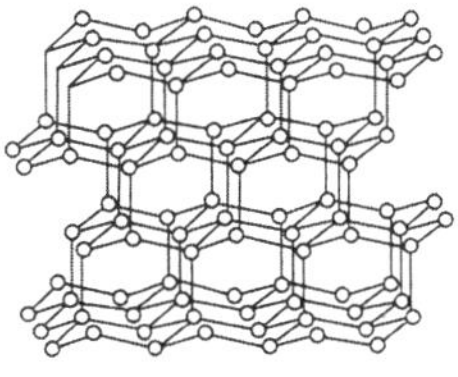

ダイヤモンド

ガラスの構造と性質

物質の状態の主なものは固体、液体、気体です。液体、気体と言えば、そのような状態の物質はおよそ想像がつきます。しかし固体はどうでしょう？　一口に「固体」と言われても、氷、茶碗、箸、木材、紙、石、プラスチック、ガラス、金属など思いつくのは人それぞれではないでしょうか？

これらが日本語で言う「固体」であることに間違いはありません。しかし、これらは結晶なのでしょうか？　それとも何か、別な物なのでしょうか？　考えてみれば氷、ガラス、金属以外の固体は、成分が単一ではないようです。それでも固体として、氷や金属の仲間と考えて良いのでしょうか？

ガラス

氷を融点の0度に加熱すれば融けて液体の水になります。そして水を冷却して融点の0度に冷やせば凍って結晶の氷になります。金属も同じです。融点以上に加熱すれば融けてどろどろの液体金属になり、それを冷やして融点以下にすれば固まって多結晶状態の固体金属になります。

ところが、その様にならない固体があります。酸化ケイ素SiO_2の結晶は水晶です。六角中で頂点が六角錐状に尖った水晶です。これを加熱して融点以上、つまり1700度ほどに加熱すると融けてドロドロの飴状の液体になります。

これを冷やすと、しかし、水晶には戻らないのです。飴状のまま固まってしまいます。私たちはこれをガラスと言います。ガラスも水晶も成分は同じ二酸化ケイ素SiO_2です。いくら待っても、多分何億年待ってもガラスは六角状の水晶には戻りません。

アモルファス(非晶質固体)

一般的に言えばガラスは固体です。しかし研究者の中にはガラスは液体だと言う人もいます。ガラスは化学的に言えば非晶質固体、アモルファスあるいはガラス状態と言われる状態なのです。

ガラスは二酸化ケイ素SiO_2の固体であり、成分的には水晶と同じです。しかし、水晶は紛れも無く結晶です。水晶とガラスは違います。それでは水晶とガラスはどこが違うのでしょうか?

水晶は結晶なので、原子の位置が三次元に渡って規則的に積み重なっていきます。しかしガラスは液体状態のまま、分子が流動性を失った状態なのです。規則性は何も無いのです。プラスチックの固体も典型的なアモルファスと言って良いでしょう。

●結晶とアモルファス状態

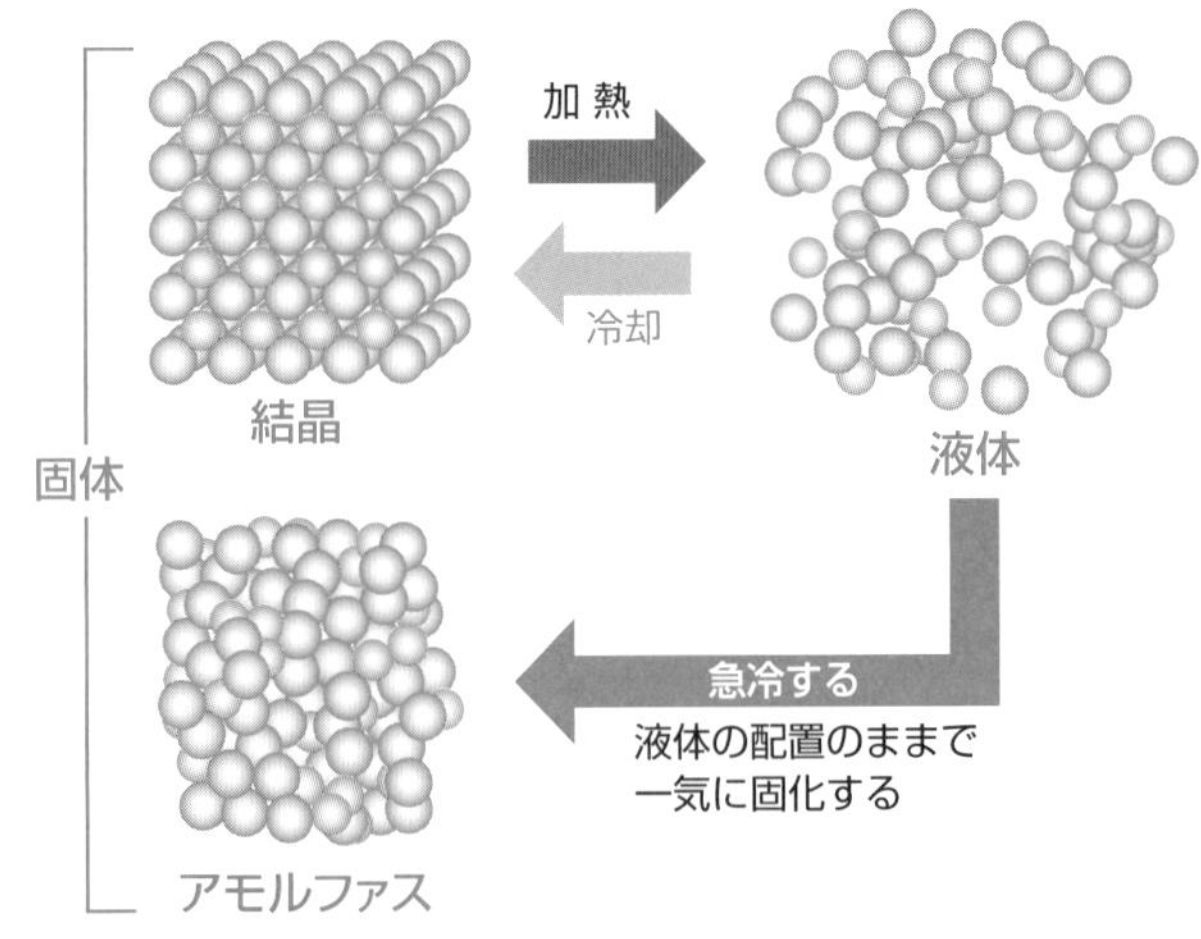

アモルファスの出来る理由

水や金属のように液体を冷却すると結晶になる物質と、二酸化ケイ素のように液体を冷却するとアモルファスになる物質の違いは、学校の教室に例えると良くわかります。水の教室に授業終りのチャイムが鳴ると子供たちは一斉に席を立って遊び始めます。これは液体状態です。しばらくたって授業開始のチャイムが鳴ると、子供たちはサッと席に戻って座ります。結晶状態に戻るのです。

ところが二酸化ケイ素の子供は、授業開始のベルが鳴っても中々席に戻りません。のろのろしている間に温度が下がって運動エネルギーが無くなり、教室のあちこちに転がっているのです。これがアモルファス状体なのです。

アモルファスの性質

しかし、アモルファスの名誉のために言っておくと、アモルファス状態は結晶状態には無い優れた性質を持っています。水晶にガラスの真似ができるでしょうか?

何メートル四方もの大きい板状になれるでしょうか？　動物やキャラクターのようなフィギュアになれるでしょうか？　ステンドグラスのように多彩な色を出せるでしょうか？

アモルファス状態になると結晶状態とは違った優れた性質を出現することが知られているのは金属です。全ての金属は多結晶状態、つまり結晶状態です。

ところがアモルファス状態の金属、アモルファス金属は「強度が強い」、「錆びない」、「磁性を持つ」など、普通の金属には無い性質を表します。これはレアメタル、レアアースに匹敵する性質です。

これまでアモルファス金属を作るためには液体金属を液体窒素などで急冷する以外方法が無く、粉末、薄膜状態の物しか作成できませんでしたが、最近バルク（塊）状態のアモルファス合金の作製に成功しています。将来的にはレアメタルを席巻するかもしれません。セラミックスも手をこまねいている状態ではありません。

三態以外の状態

物質の状態のうち、結晶(固体)、液体、気体を物質の三態と言いますが、状態は三態以外にもあります。そのうち、特に良く知られたものを見てみましょう。

柔軟性結晶

表は結晶と液体における構成粒子の位置と配向(方向)の状態をわかりやすく表した物です。結晶状態と気体状態を比べてください。結晶では位置と配向(分子の向き)の規則性が2個とも残っています。ところが気体になるとこの2個の規則性が一挙に喪失して

●結晶と液体における構成粒子の位置と配向

状態		結晶	液晶	柔軟性結晶	液体
規則性	位置	○	×	○	×
	配向	○	○	×	×
配列模式図					

います。

順列組合せで考えれば、この中間の状態があっても良いはずです。実際にあります。それが柔軟性結晶と液晶です。柔軟性結晶では結晶構成粒子は位置を移動することはありませんが、向きを変えて回転しています。

柔軟性結晶は有機分子にも無機分子にも見つかっています。柔軟性結晶は電池の電極、エアコンの冷媒に用いる研究などが行われているようです。

液晶

液晶状態では分子は流動的に移動しますが、方向は一定方向を向いています。まるで流れに流されまいとして泳ぐ小川のメダカのような状態です。液晶状態では、液晶分子の向きを電圧で制御することができます。

この性質を利用したのが薄型テレビやスマホの画面に使われる液晶モニターです。液晶というのは結晶や液体と同じような状態であり、ある一定温度範囲にだけ現れる状態です。ですから液晶状態の分子を冷却すれば結晶になり、加熱すれば気体になります。もちろん、液晶状態ではありませんから、モニター機能はストップします。

冷やしたものなら、暖めれば多分機能を回復するでしょうが、加熱した物は液晶分子が分解している可能性があり、その場合には修復不可能です。

この様な状態が、将来セラミックに取り入れられることがあったら、きっと新規で有用な物性を持つセラミックスが発明されることでしょう。

Chapter.6
セラミックスの性質

化学的性質

セラミックスは硬い石の様な物で、化学反応とは無縁の存在のように見えるかもしれませんが、化学反応と無縁の物質は存在しません。セラミックスといえど、化学反応を行います

触媒性

セラミックスに限らず、金属結晶などの結晶体が化学反応に触媒作用を及ぼすことは良く知られています。これを接触還元反応という有機化学反応に対する触媒作用を例にとって見てみましょう。

●金属原子の触媒作用

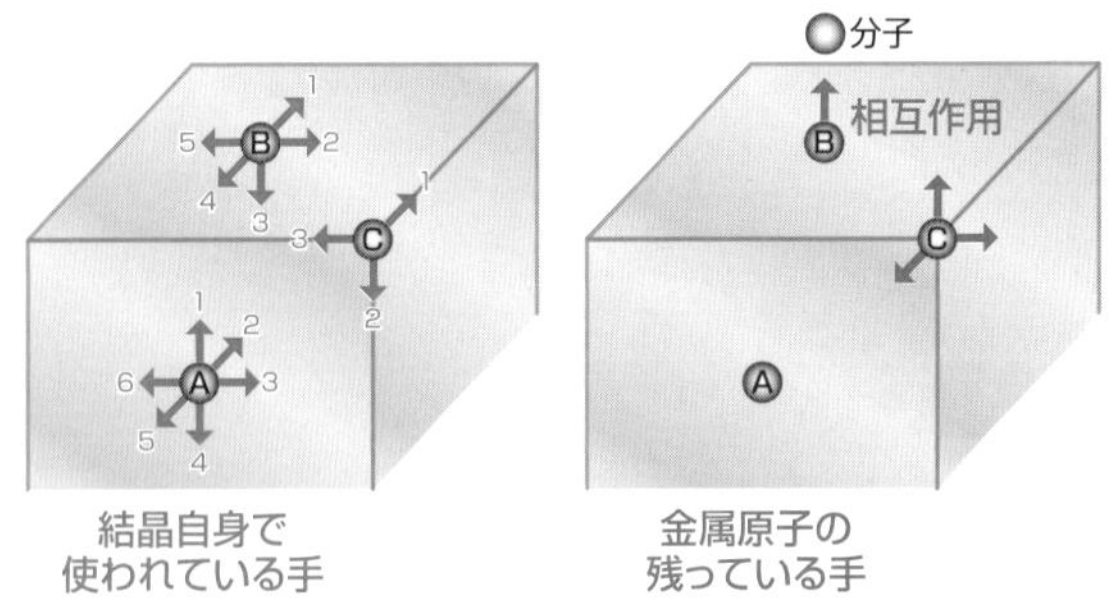

この反応はアセチレン誘導体の三重結合に水素分子が付加してエチレン誘導体を与えるという反応ですが、付加する2個の水素原子がアセチレン分子の同じ側に付加する（シス付加）という特徴があります。

簡単に金属原子をサイコロ型としてみましょう。結晶を作る粒子は周囲の粒子と結合していますから、図において結晶の内部に在る金属原子Aは上下左右前後、合計6個の原子と結合していることになります。しかし、結晶表面の原子Bは5個としか結合できません。つまり、結合手を1本余らしているのです。

ここに水素分子が来ると、金属の余った手がちょっかいを出して水素分子と弱い結合をします。すると、元々の水素分子の結合は弱くなります。この様な水素分子は反応性が高くなるので、活性水素と呼ばれます。

この活性水素の脇にアセチレン分子が来ると、活性

●アセチレン分子の触媒作用

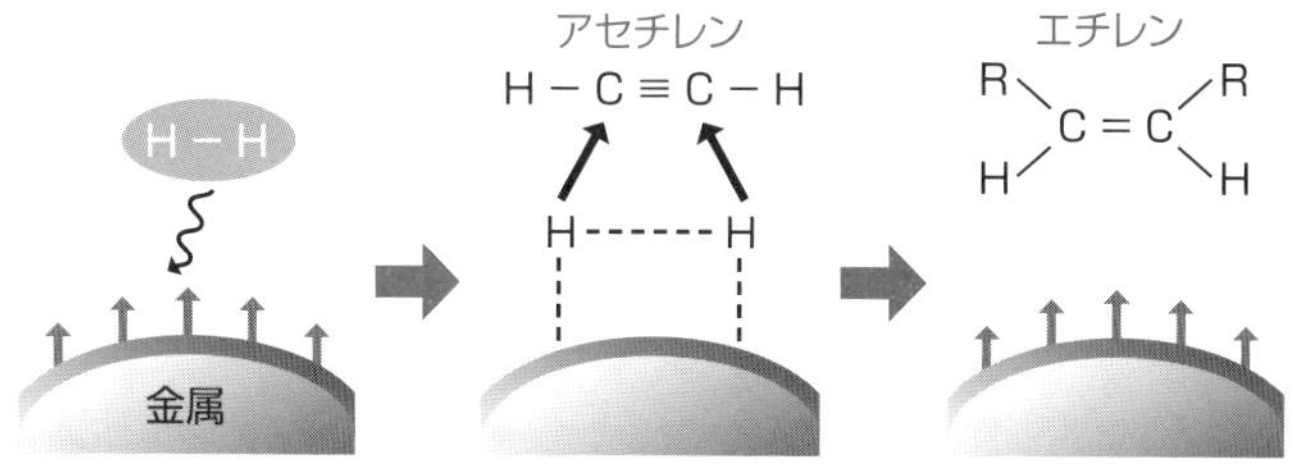

水素の2個の水素原子は揃ってアセチレンに付加します。これがシス付加の原因です。このように、結晶表面原子は特別の結合状態にあり、それが触媒作用の原因になっているのです。

耐食性

セラミックスを材料と考えた場合、化学反応として問題になるのは酸素、酸・アルカリあるはフッ化水素等、腐食性の化学物質に対してどれだけ耐えることができるかという耐食性です。

この場合問題になるのは、セラミックスは結晶性物質であるということです。セラミックスが単結晶ならば、腐食が起こるかどうかは主に結晶成分の化学特性によります。腐食に弱い分子からできた結晶が腐食に強いはずはありません。

次は結晶に含まれる不純物です。この場合、不純物という物質の耐食性が問題になるだけでなく、不純物という異物質が結晶格子内に侵入したことによる結晶格子の乱れも問題になります。

　そして、結晶内にもともと存在した格子欠陥も腐食の出発点になりえます。しかしセラミックスは多結晶体です。

　したがって腐食は結晶表面だけでなく微結晶の境界面、あるいは粒子の境界面からも起こります。そしてセラミックスの腐食は主にここから進行することが知られています。

　図は何種類かのセラミックスを各種の条件下に置いた場合にどれだけの重量減を起こしたかを表したものです。ステンレスに比べてセラミックスが良好な結果を与えていることがわかります。

●セラミックスの耐食性

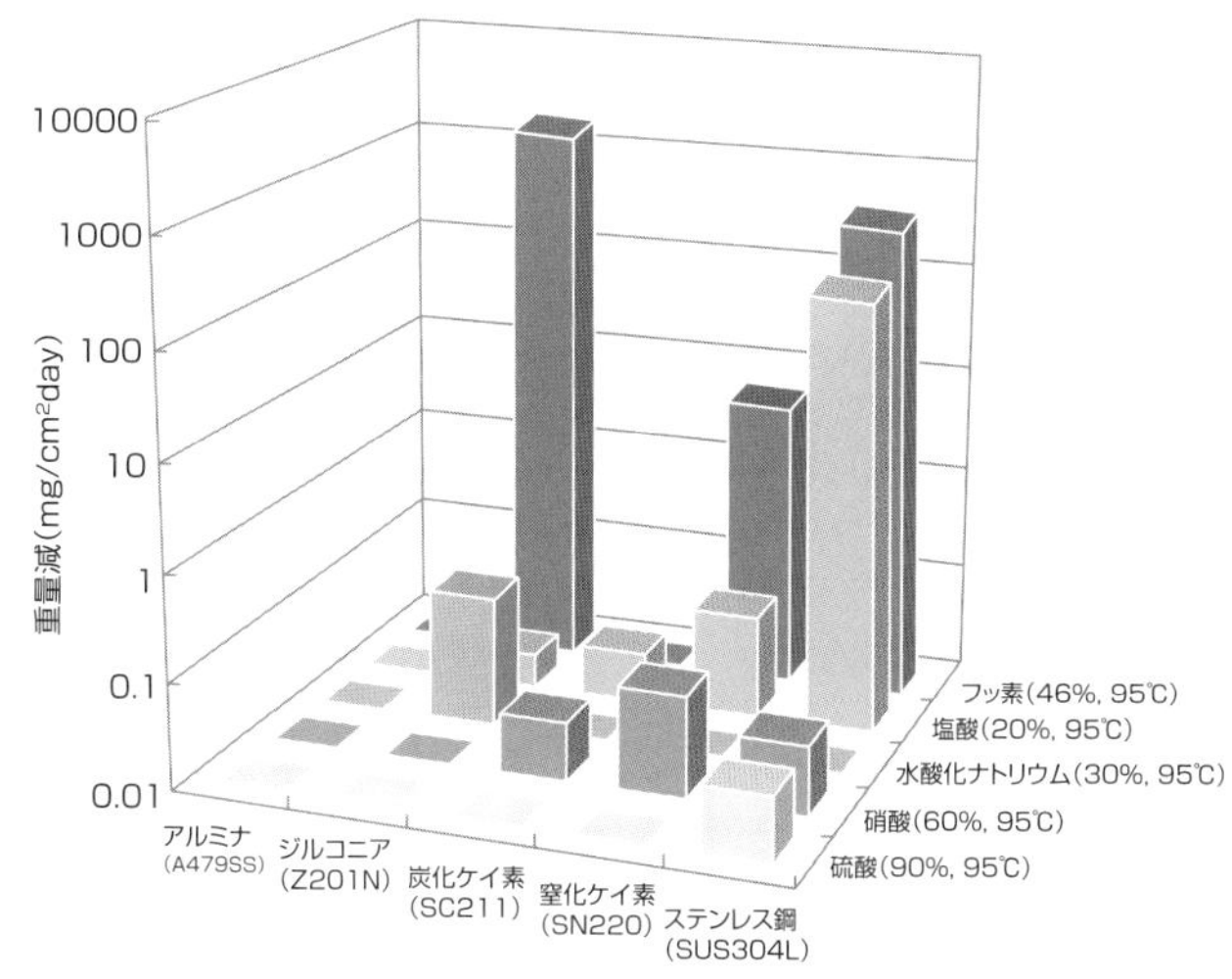

(測定方法 /JIS R1614-1993 に準ずる測定)

出典：一般社団法人 日本トライボロジー学会
セラミックスのトライボロジー研究会 編（株）養賢堂 発行

生体適合性

セラミックスは化学的にも物理的にも極めて高い安定性があり、人体との親和性「生体適合性」を有しています。軽く、強度があり、薬品にも強いという特徴を持つセラミックスは、医学の分野にも進出して、今では現代医学の発展を支える重要な技術となり、医療材料として医療の現場で貢献しています。

●人工関節

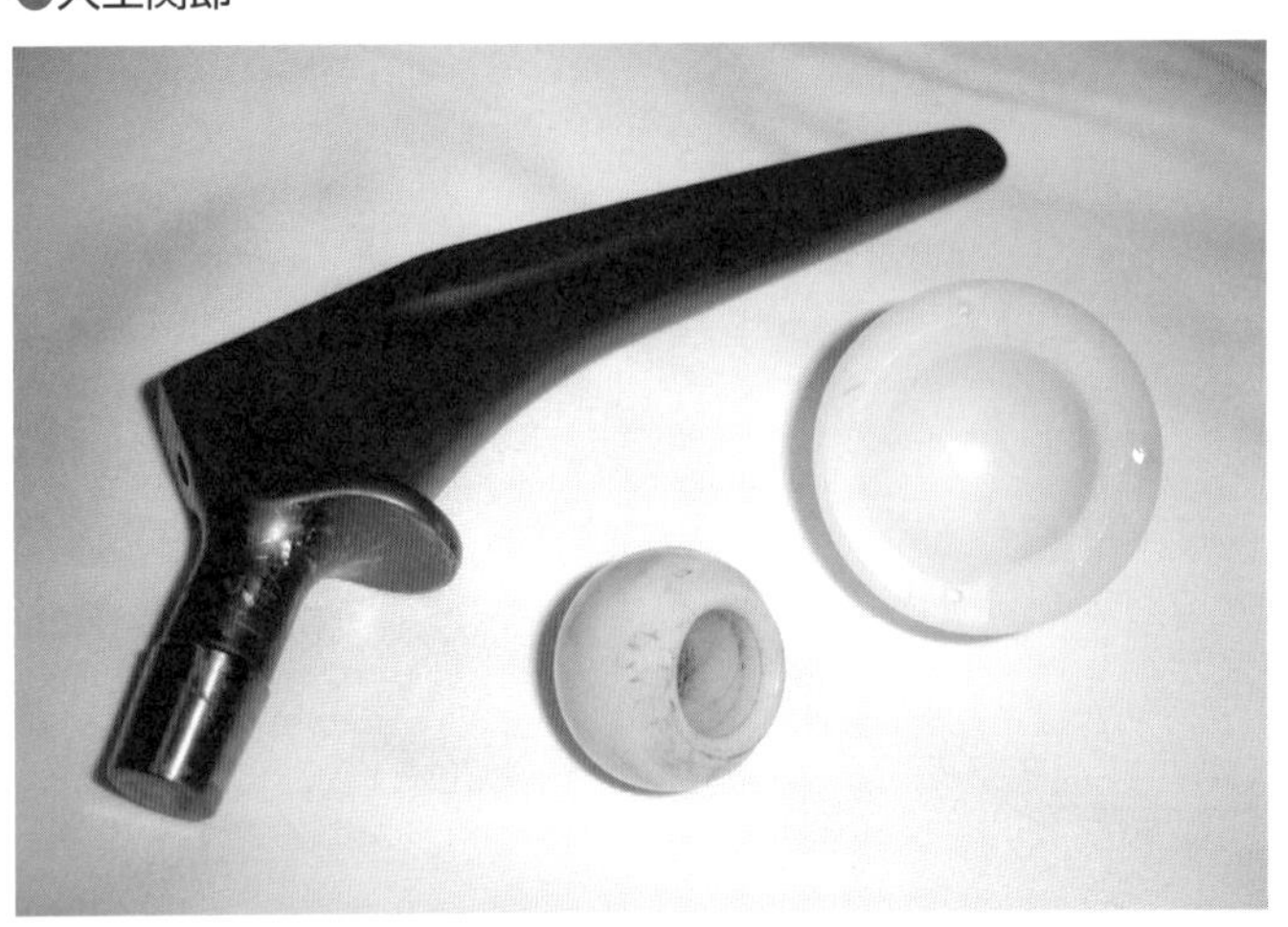

機械的性質

セラミックスの一番の特徴は硬くて強いという機械的性質です。どれくらい強いのでしょうか?

密度

堅くて強い物は重いと思うのが常識です。しかしセラミックスはその常識を覆します。

セラミックスは、高強度な金属と比べて密度が小さい材料です。ステンレス鋼と比べて密度は半分以下の物がたくさんあります。

●密度

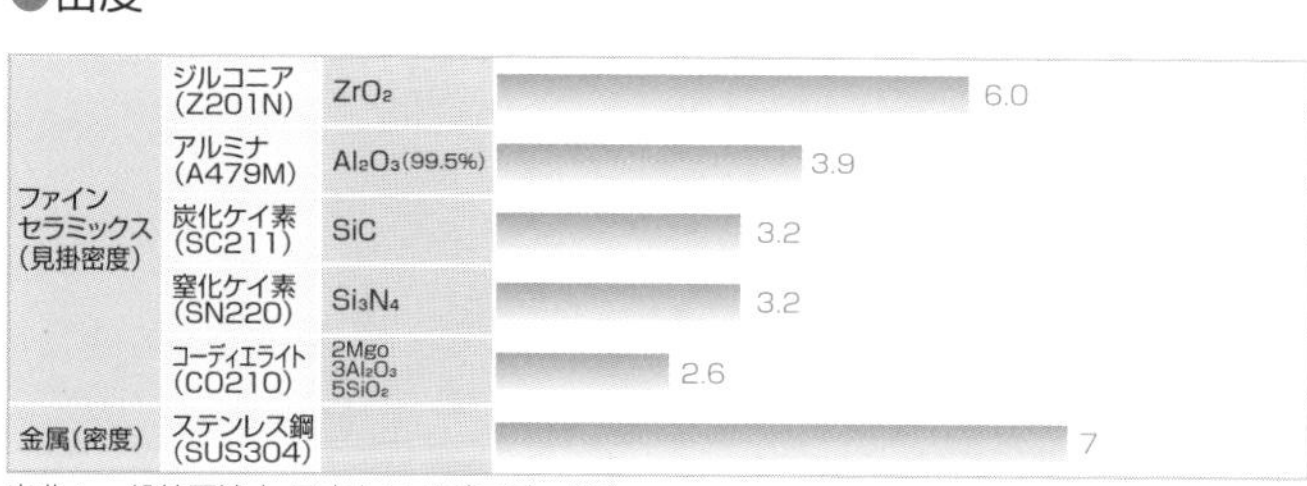

ファイン セラミックス (見掛密度)	ジルコニア (Z201N)	ZrO_2	6.0
	アルミナ (A479M)	Al_2O_3(99.5%)	3.9
	炭化ケイ素 (SC211)	SiC	3.2
	窒化ケイ素 (SN220)	Si_3N_4	3.2
	コーディエライト (C0210)	2Mgo $3Al_2O_3$ $5SiO_2$	2.6
金属(密度)	ステンレス鋼 (SUS304)		7

出典:一般社団法人 日本トライボロジー学会
セラミックスのトライボロジー研究会 編 (株) 養賢堂 発行

硬度

セラミックスの硬度はビッカース硬度で表されます。これは試験片にダイヤモンド圧子を押し込んだ際に示す抵抗を表す数値です。硬度が高いことがセラミックスの大きな特長の一つです。

硬いということは耐摩耗性も大きいということを示します。耐摩耗試験ではステンレス鋼と比べ10分の1ほどしか摩耗しないことがわかりました。

剛性

変形しにくいこと、つまり剛性が高いこともセラミックスの特長です。剛性は、一般的にヤング率で比較されます。ヤング率は「たわみにくさ」を表す指標です。セラミックスはヤ

●ビッカース硬度

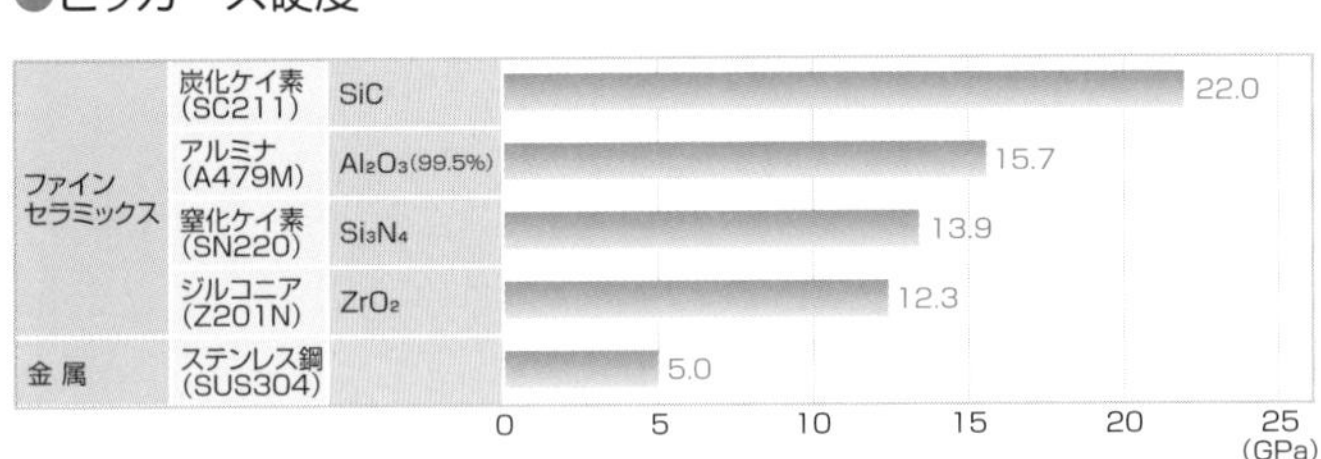

ング率が高く、高剛性材料であるといえます。剛性が高いと、精密な部品が作りやすくなります。つまり目的の形に削るときには大きな力がかかりますが、その時に変形しにくいほうが、部品を精密に加工できるのです。

靭性

焼きものであるセラミックスは、硬い反面「もろい」という性質があります。表面や内部に亀裂を持つ材料(亀裂材)の破壊に対する抵抗力を示す尺度が破壊靭性です。

セラミックスは、一般に破壊靭性値が

●ヤング率

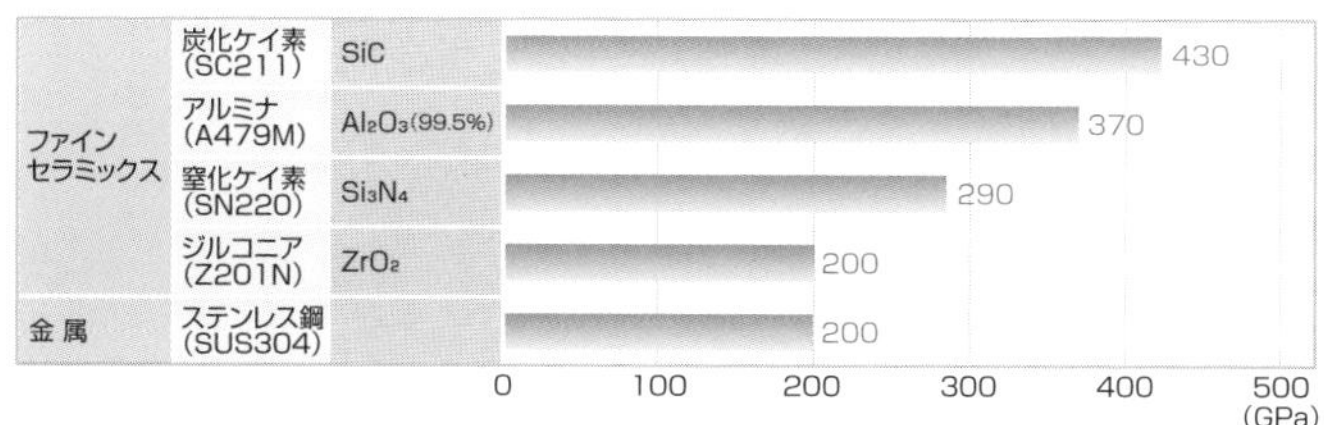

●破壊靭性

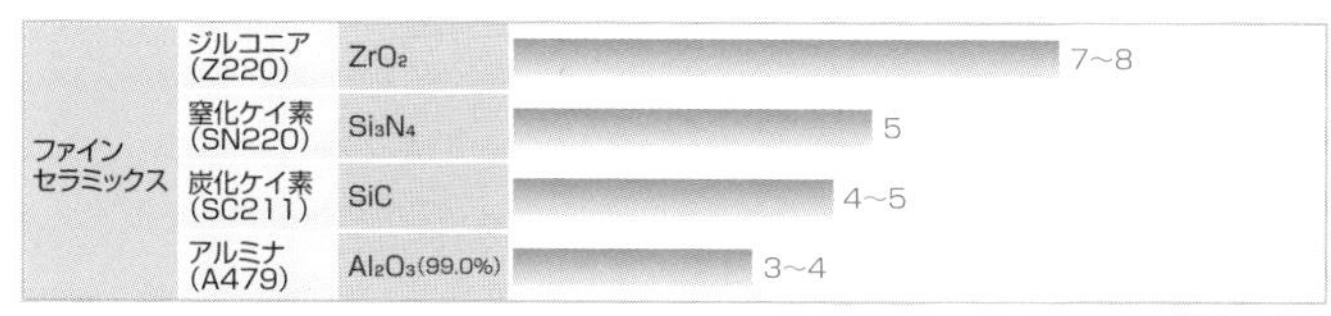

低い材料ですが、はさみや包丁などの刃物に使用されている部分安定化ジルコニアは、セラミックスの中でも比較的高い靭性を有しています。

熱的性質

焼ものであるレンガやタイルが熱に強いことはよく知られていますが、ファインセラミックスは、さらに耐熱性が高いことも特長です。

アルミニウムは約660度で融け始めるのに対し、アルミニウムの酸化物であるアルミナ（セラミックス）は2000度以上にならないと融けたり分解したりしません。

熱伝導率

熱伝導は電子の移動や格子振動の伝達により生じます。電気抵抗が低い金属や格子振動が伝わりやすい結晶、例えば、格子点に質量の近い原子やイオンが存在する結晶や結合が強い共有結合性の結晶は高い熱伝導率を示します。

セラミックスには、この伝導率が高く、熱をよく伝える素材と、熱伝導率が低く、熱を伝えにくい素材があります。窒化アルミニウム、炭化ケイ素は特に熱をよく通す素材です。窒化アルミニウムは、発熱が大きく熱がこもっては困る半導体部品のパッケージなどに使われています。

最も高い熱伝導率をもつ物質はダイヤモンドですが、セラミックスの場合、内部の気孔、粒界、不純物なども影響します。これらを制御した高い熱伝導をもつ材料もあります。反対に、ジルコニアは熱をよくさえぎり、熱伝導率はステンレス鋼の10分の1の小ささです。高温になる炉の壁などに用いられています。

熱膨張率

物質は熱くなると長さや体積が少しずつ大きくなります。温度変化に対して物質が膨張する割合を熱膨張率とい

●熱伝導率

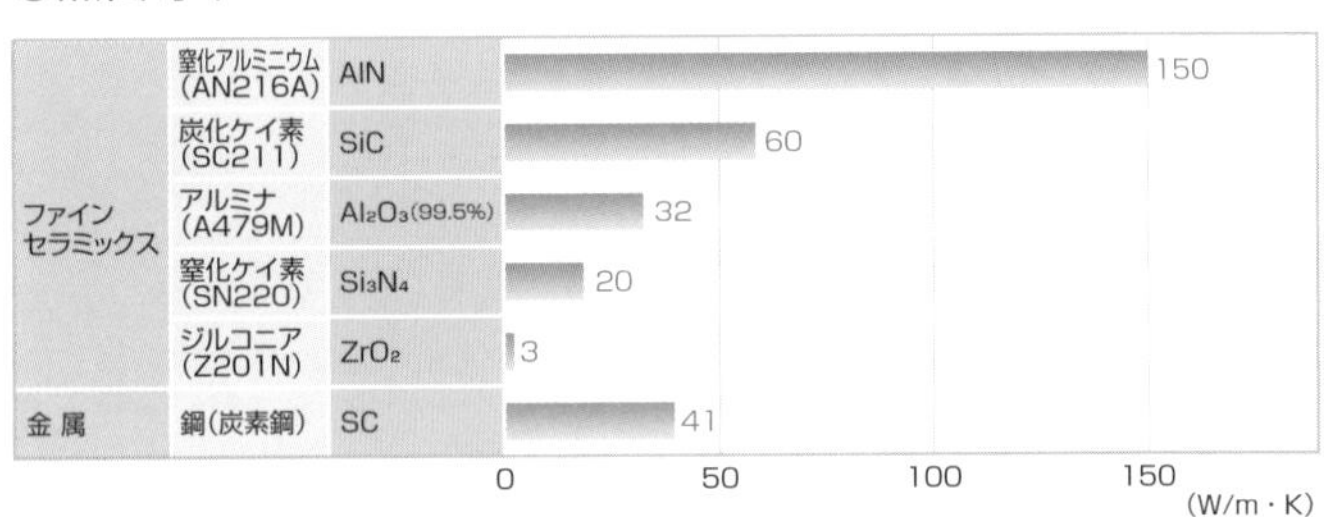

出典：一般社団法人 日本トライボロジー学会 セラミックスのトライボロジー研究会 編（株）養賢堂 発行

います。セラミックスは熱膨張率が金属に比べて少ないのが特長です。熱膨張率は、構成する原子間の結合の強さに依存します。ダイヤモンドや炭化ケイ素、窒化ケイ素などの共有結合材料は原子間の結合力が強く熱膨張率が小さい材料です。一方、ステンレス鋼などは、セラミックスに比べ結合力が弱く、熱膨張率が大きい傾向にあります。

耐熱衝撃性

セラミックスの熱に強い性質は、物質が熱で溶けだす融解温度を示す「耐熱性」と、急激な温度変化にどこまで耐えられるかを示す「耐熱衝撃性」で表されます。

耐熱衝撃抵抗は、急冷により破壊が生じたときの加熱されたセラミックスと冷却媒体の温度差で示されます。急激に冷却されたときに内部と表面に生じる温度差により発生

●熱膨張率

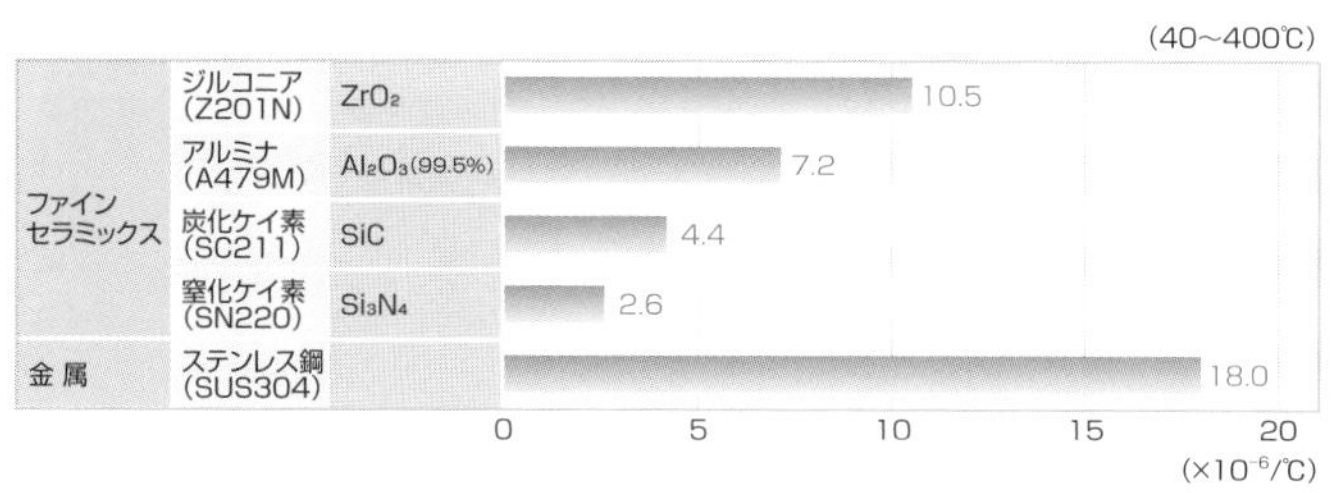

(40～400℃)

			熱膨張率
ファインセラミックス	ジルコニア(Z201N)	ZrO_2	10.5
	アルミナ(A479M)	Al_2O_3(99.5%)	7.2
	炭化ケイ素(SC211)	SiC	4.4
	窒化ケイ素(SN220)	Si_3N_4	2.6
金属	ステンレス鋼(SUS304)		18.0

する内部応力が、セラミックスの強度を越えたときに破壊します。

特に熱に強い窒化ケイ素では、水中落下による耐熱衝撃性でも、水冷で550度という高い性能を有しています。このため、窒化ケイ素は、特に大きく温度が上下する部分に使う材料に適しており、エネルギー産業や金属製造などの高温分野で利用されています。

●耐熱衝撃性（水中落下）

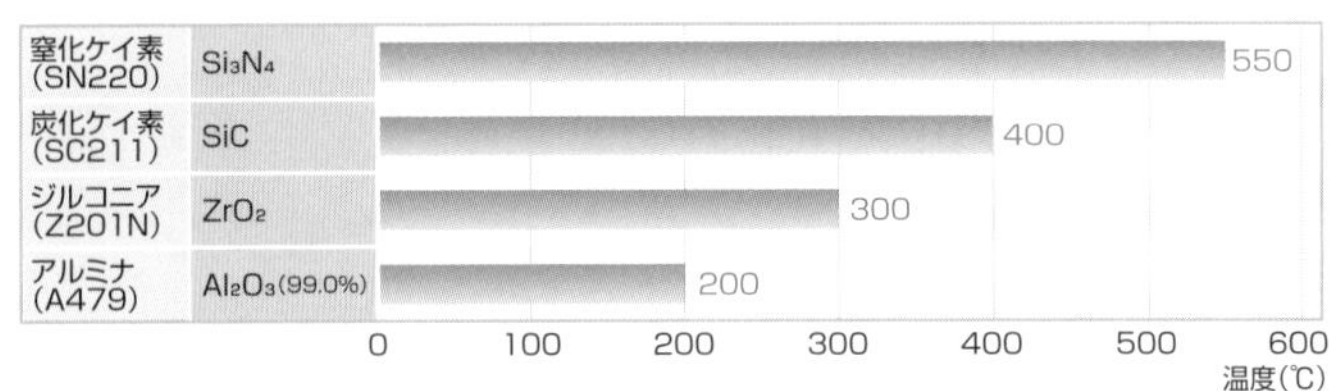

電気・磁気的性質

セラミックスは色々な電気的性質を持っており、各種電気製品、あるいは各種産業の製造現場などで利用されています。

絶縁性

セラミックスは大きな絶縁性を持ち、電気をほとんど通しません。代表的な物はアルミナAl_2O_3や窒化アルミニウムAlN、炭化ケイ素SiCなどです。電線から電気が漏れたら、感電や火事の危険がありますのでセラミックス製の碍子(がいし)で守られています。

導電性

一般的にセラミックスは絶縁体ですが、近年では半導性をもつことが期待され、多くの半導体の特徴をもつ半導体セラミックスも出てきました。

半導体とは、普段は電気を通しませんが、ある一定の条件があるとき、電気を通す物質のことをいいます。半導性をもつ素材には酸化ジルコニウムZrO_2やZrOがあります。

例えば、温度を上げると抵抗が下がり、電気が流れやすくなる性質を利用したサーミスタは、温度の変化を監視するセンサや電化製品の過熱を防止する装置などに使われています。また、電圧が高くなると抵抗が下がる性質を持つバリスタ

●碍子(がいし)

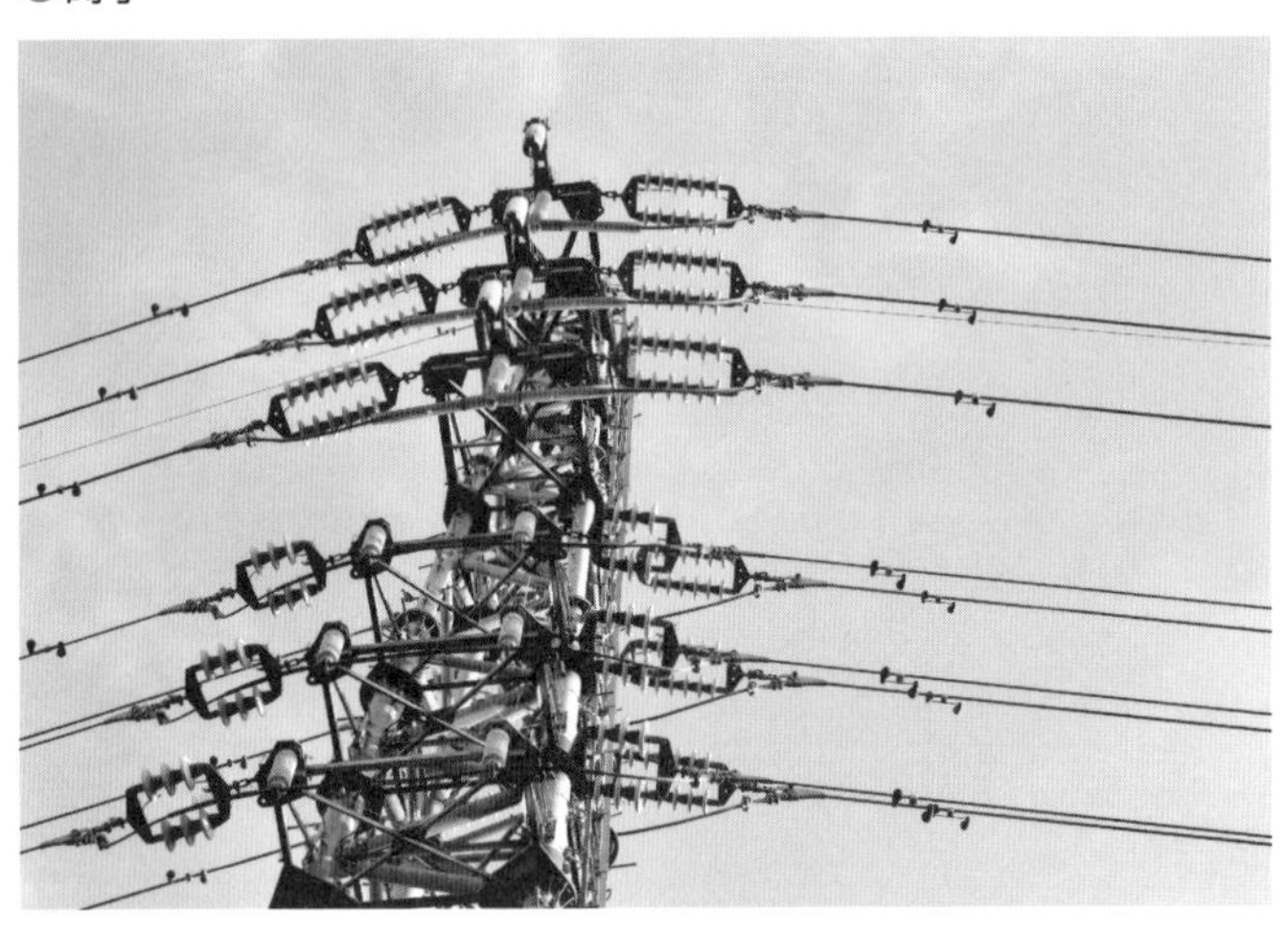

は、電子回路に必要以上の電圧がかかるのを防ぐ回路などに使われています。温度センサー、ガスセンサーなどに利用されています。

誘電性

絶縁体に電圧をかけると、少数ながら電子が移動するため、物質の両端にプラスとマイナスの電荷が現われます。このように、物質の両端に電荷があらわれる物質を誘電体（誘電性）といいます。

誘電性は、比誘電率で表され、二酸化ケイ素SiO_2が3・8、酸化アルミニウムAl_2O_3が9・4ですが、チタン酸バリウム$BaTiO_3$は4・590・0と並はずれて大きく、強誘電体と呼ばれます。

圧電性

圧電性は力を電気に変える性質のことで、その性質を持つ物質を圧電体と言います。

圧電体は、その結晶に力、あるいは歪みを加えることにより、電荷を発生する正圧電効果と、逆に電荷を加えると力や歪みが発生する逆圧電効果を持っています。

圧電効果を持つ圧電セラミックスはいろいろな製品に組み込まれています。たとえば、ガスコンロや電子ライターの着火装置は、圧電セラミックスの叩いた力を電気に変えて、電気の火花を飛ばして着火させるものです。

発熱性

セラミックスが電気を通さないということは、電気抵抗が強いということを意味します。電気抵抗が強い物質に無理に大量の電気を流すと熱を発生します。SiCやZrO_2がその代表です。

この熱を利用して鉄などの金属を融かすのに利用されます。その他、工業製品の多くは、様々なものを溶かして作られますが、その様なところにセラミックスが用いられます。

磁気的性質

セラミックスの中には磁性を持ち、磁石として利用される物もあります。SrO_2・$6Fe_2O_3$がその代表です。一方で非磁性のものAl_2O_3もあり、モーターや電磁波部品として利用されています。

セラミックス磁石ではフェライトがよく知られています。フェライトは酸化鉄や酸化マンガン、酸化ニッケルなどの粉を混ぜ合わせて焼き固めたものです。磁石として用いられるほか、各種電子機器の回路の中で、電子部品のコイルとして使われています。

光学的性質

セラミックスは小さな結晶の集合体であり、結晶の境目である粒界や微細な気孔などが光を乱反射するため、光を通すことはできません。

しかし、反対にこのような粒界や気孔を含まない単結晶サファイアなどは透光性があり、通常のガラスよりも強度や熱伝導性に優れる特長を併せ持つため、液晶プロジェクター用窓などに採用されています。

また、半導体的な性質や誘電性などを持つ結晶の場合は、光、電場、磁場との相互作用による色調変化や屈折変化を利用した製品に応用することができます。

光透過性

多結晶構造のセラミックスでは表面や内部で散乱が起こるため、光はほとんど透過しません。そこで等方的で吸収のない材料を選び、散乱の原因となる不純物、気孔、結晶粒界相などの欠陥を減らして高密度に焼結することで、光を透過させることができます。

典型的な物はいわゆるガラスです。石英ガラスSiO_2やサファイアガラスAl_2O_3はプリズムやレンズ、光ファイバーなどに使われています。

蛍光性、発光体

電気を通すと発光する性質です。Y_2O_3Sなどはブラウン管として利用され、GaPやZnS、CdSはLEDや有機ELに使われています。

光起電力

光起電力とは光を吸収してその光エネルギーを電気エネルギーに換えることです。つまり太陽電池の原理です。SiCやCdTe、CdS/Cu_2Sが光起電力を持っています。太陽電池は再生可能エネルギーとして将来のエネルギーを担うものと期待されていますが、そこでもセラミックスは活躍しています。

- Cd……カドミウム。金属です。有毒で富山で起こった公害、イタイイタイ病の原因物質として良く知られています。
- Cu……銅。赤い金属です。電線に良く使われます。
- Sr……ストロンチウム。金属です。比重2・5と非常に軽い金属です。
- Y……イットリウム。レアアースの一種で、日本にとっては希少な金属です。レーザーに使われます
- Eu……ユーロピウム。レアアースです。電気を通すと赤く発色します。
- Ga……ガリウム。金属です。青色ダイオードの原料として有名です。
- Zn……亜鉛。金属です。鉄に亜鉛メッキした物がトタンです。

Chapter. 7
セラミックスの応用

コンクリート

港湾、飛行場、鉄道設備、高速道路、高層建築、地下鉄建設、下水道設備、一国のインフラ設備全てをまかなっているのはコンクリート、レンガなどです。言うまでも無くこれらはセラミックスです。

現代社会は鉄で成り立っている、現代社会はエネルギーで成り立っている、などと良く言われますが、現代社会を力、強度で支えているのがセラミックスなのではないでしょうか。その意味で現代はまだ土器時代なのかもしれません。

しかしそれは青銅器時代、鉄器時代を経て高度化洗練化された新土器時代というべきものなのではないでしょうか。

セメント

コンクリートはセメントという灰色の粉末と、小石、砂を水で練って固めたものです。セメントは石灰岩$CaCO_3$を主体とする天然鉱物原料を高温で焼いて作った酸化ケイ素CaOを主体とする複雑な組成の粉末セラミックスです。

現在使われているセメントのほとんどはポルトランドセメントと言われる物であり、その主成分は酸化カルシウムCaO、二酸化ケイ素SiO_2、酸化アルミニウムAl_2O_3、酸化鉄Fe_2O_3です。

最近では特殊な性質や機能を持った新しいセメントも開発されています。アルミナセメントというセメントがあります。これはアルミニウムの原料である

●高層ビル

ボーキサイトAl_2O_3と石灰石$CaCO_3$から作られるセメントです。このセメントは練り混ぜるとすぐに強い強度を発揮し、耐火性・耐酸性があります。そのため、緊急工事や寒冷地での工事、化学工場での建設工事、耐火物などに使用されます。

コンクリートの固まる理由

コンクリートは、この様なセメント成分の無機物が水と反応（水和）することによって、その水素結合によって固まったものです。粉末の焼石膏$CaSO_4$を水で練って固めると固い塊の石膏$CaSO_4 \cdot 2H_2O$になるのと同じ原理です。

ですからコンクリートの中にはタップリの水が入っているのです。コンクリートを練る時に使った水は、蒸発して無くなったのではなく、コンクリートの中に居座っているのです。

耐熱素材

セラミックスの最大の特徴は熱に強いということです。1000度以上の高熱から誕生したものですから、1000度くらいの高熱は意に介さないのは当然です。ということで、セラミックスは耐熱素材の申し子のような物です。

煉瓦

煉瓦(れんが)は、粘土や堆積岩、泥を型に入れ、窯で焼き固めて、作られる建築材料です。通常は赤茶色で直方体をしています。焼成レンガは、原料中の鉄分量および焼成時の酸素量によって色が変わります。一般的な建築物の構造材や外壁に、強度材、防火材と用いられます。また、耐火レンガは溶鉱炉等の特別な高温施設の炉材内装にも使われます。

この他に日干し煉瓦と言われる、粘土を型に入れて天日で乾燥しただけの煉瓦もあります。

日干し煉瓦は勿論、焼成して作った煉瓦も、防火や耐火には効果があるのですが、構造材として用いる場合は地震に弱いという難点があります。

日本で煉瓦が一般に用いられるようになったのは明治時代以降ですが、関東大震災で多くの被害を出したことから、煉瓦建築は小規模な建物を除いて激減しました。ただし、建築の外装材としては現在も多く用いられています。

瓦

屋根に置く陶磁器で雨を防ぐ目的と共に火災の延焼を防ぐ意味、屋根が台風などで吹きとばされないための重しの役目も果たしています。

成形した粘土を焼成して作りますが、表面の仕上げ方によっていくつかの種類があります。何も施さず、素焼きのままの瓦が素焼き瓦であり、表面にガラス質の釉薬を掛けた物が釉薬瓦となります。現代の瓦の多くは釉薬瓦です。

その他に、燻瓦(いぶしがわら)と言う物があります。昔は焼成の最終段階で窯に松の葉などを入れて、その油分が炭化した成分が瓦の表面に付着して黒くなった物です。年月が経つと銀色に変化してその風情が喜ばれました。現在はプロパンガスや水で希釈した灯油などを用いるようです。

その他に塩焼瓦(しおやきがわら)がありました。これは焼き上がりに岩塩を焚口に投入すると、岩塩中のナトリウムと粘土中の珪酸アルミナと化合して赤褐色の珪酸ナトリウムのガラス状被膜ができることを利用したものです。仕上がりは赤褐色となります。三州瓦(愛知県)で作られていました。

●瓦

タイル

　タイルは専ら外装材として用いられる薄くて小型のセラミックスです。建築の外装や、屋内の風呂など水回りの壁に用いられます。一般的なタイルの作り方には二通りあります。

　一つは、乾式製法と言われる方法です。これは粉末にした原料（坏土（はいど））を、金型に充填して成形し、乾燥したタイルの表面に泥しょう状の釉薬をスプレーで塗装し、焼成する方法です。

　もう一つは湿式製法で、これは原料に水を加えて練ります。その土のかたまりを真空押出成形機で板状に押し出し、押し出されたものをピアノ線で所定のサイズに切断します。成形された生素地を焼成します。

家庭内陶磁器

キッチンの食器棚には茶碗、皿、鉢などの食器が溢れるほど積まれているのではないでしょうか？　お風呂の床はタイルかもしれません。トイレの便器は陶器でしょう。ベランダの植物はプランターや植木鉢に植えられているでしょうが、植木鉢の中には陶器製もあるのではないでしょうか？　これらは全てセラミックスです。家庭はセラミックスで溢れているのです。

食器、装飾品

日本食に使う、厚手の軟らかくやさしい雰囲気の食器は陶器製です。これは粘土を800〜1000度ほどの熱で焼いた物です。本来だったら水を吸ったり、水を透したりするのですが、食器の場合には表面にガラス質の釉薬(ゆうやく)を塗って不透水にしてあります。

　また、食器の中でも薄手で白く、光を透かし、表面に絵が描いてある物は磁器です。これはカオリンという特別の磁土を1000～1300度ほどで焼いた物です。中国、朝鮮で発達したものですが、日本では秀吉の朝鮮征伐で連れてこられた朝鮮の陶工が主に九州の有田で作り始めました。

　これが隣町の伊万里港からヨーロッパに輸出されたので、ヨーロッパでは伊万里焼として愛されました。この日本産磁器を自分たちも作りたいという願いで作られたのが、現在有名なドイツのマイセン、ドレスデン、ウィーン（現在はハンガ

●マイセン

リー)のヘレンドなどです。

明治になってそれらの技術、センスが逆輸入されて、改めて日本のセンスと融合したのがオールドノリタケなどということになります。

陶磁器の食器は食卓をとおして私たちの生活を楽しく美しく、潤いのあるものにしてくれます。

衛生陶器

衛生陶器は、人の集まる住宅や公共施設のトイレに欠かせない大便器、小便器、洗面器などに使用されています。これらが衛生陶器と呼ばれるのは、陶器が水ま

●衛生陶器

わりにおいて高い衛生性を長く維持できるという特徴をもつからです。

　材質としては、食器などと同様、陶磁器に属するものになります。しかし、食器などと違って形状が大きいこと、更に糞便などの様々な汚物を受容し、排出、洗浄する必要性があることなど特有の条件を満たすために、衛生陶器独自の材料特性の最適化、生産技術の高度化がすすめられてきました。

　また、近年では各メーカーとも、環境を配慮した「節水」や、使用される方がより清潔に使えるように「清掃性の向上」などが重視されるようになり、急速にこのような技術の研究開発がすすめられています。

ガラス

ガラスは各種窓ガラス、ガラス食器、工芸・芸術作品の素材としてあまりに一般的ですが、ここでは特殊なガラスを見てみましょう。

強化ガラス

普通の板ガラスに比べて3~5倍程度の強さの衝撃に耐えるガラスです。破損しても粒状になるので普通の板ガラスに比べて安全なガラスです。

ガラス表面を圧縮して破壊に対する抵抗性を高めることによって強度を増しています。強化ガラスはその構造上、それを加工することが出来ないため、強化のプロセスは製品製造工程の最後で行われます。

強化ガラスを作るには二通りの方法があります。

❶イオン交換法

普通のナトリウムイオンNa^+を含有したガラスを、カリウムイオンK^+を含有した水溶液に浸けておくと、ガラス表面のNa^+と溶液中のK^+が交換し、K^+がガラスの表面層に進入していきます。

しかし、K^+は、Na^+より大きいため、狭い隙間につっかえ棒を押し込んだような状態になり、ガラスの表面には圧縮応力の層が生じます。するとガラスを破壊するためには、分子間の結合を破壊する力だけでなく、表面の圧縮応力を取り除く力も必要となります。このため、このガラスを破壊するには通常のガラスよりも大きな力が必要となるのです。

❷風冷法

板ガラスを約650~700度まで加熱した後、ガラス表面に空気を吹きつけ、急激に冷やします。表面に圧縮応力層を形成するという点ではイオン交換法と同じです、風冷法では熱処理によって表面層と内部の間に密度差をつけることによって応力場を形成します。

結晶化ガラス

急激な温度変化に逢っても割れない耐熱ガラスです。結晶化ガラスは、ガラスセラミックスとも呼ばれ、ガラスと結晶の複合体です。

もともとガラスは非晶質で結晶を持たないのですが、特殊組成のガラスを再加熱し、ガラス内部に結晶を均一に析出させます。すると、温度が上がると縮むという結晶の性質と、温度が上がると膨張するというガラスの性質が互いに打ち消し合い、熱膨張係数をほぼゼロにすることができます。

食器からオーブントースターのヒー

●オーブントースター

ターカバーなど、日常的に使われていますが、特記すべきは防火シャッターでしょう。視界を閉ざすことなく避難経路を確保し、そして消火活動の際は、建物内部の状態が確認できることで迅速で的確な対応を可能にしてくれます。

その他の特殊ガラス

❶ソルダーガラス

ハンダガラスともよばれ、400~600度で溶融するガラスです。そのため、ガラスとガラスあるいは金属との封着、接着に用いられます。PbO-B_2O_3、PbO-B_2O_3-ZnOなど、鉛Pb、ホウ素B、亜鉛Znなどを成分とするガラスが適しており、ガラスの粉末を有機溶媒で練って使います。

❷超硬ガラス

石英ガラスより硬いもので、イットリウム、ランタン、チタンの酸化物を含むアルミノケイ酸塩ガラスです。高価なサファイアなどのかわりに時計、計器などのカバーとして使われています。

❸カルコゲン化物ガラス

実用ガラスの大部分が酸素Oとの化合物である酸化物でできているのに対して、周期表で酸素と同じカルコゲン族(16族)元素であるイオウS、セレンSe、テルルTeなどとの化合物からできたガラスです。

軟化点が極度に低く、深赤色から黒色で赤外線をよく通し、半導性をもつものが多いです。赤外線用の光学素子、スイッチング素子、光メモリー素子など、光学、電気関係に用いられます。また、二次電池(蓄電池)の電極や固体電解質などとしても応用されています。

義歯

セラミックスは人体との親和性の高い物もあり、人工関節などにも使用されていますが、それらはファインセラミックスが多いので次章で詳しく見ることにして、ここでは義歯を見ることにしましょう。

セラミックス義歯

むし歯や事故等により歯を失った場合、さまざまな工夫をして機能を回復します。このようにして生まれてきたのが「差歯」であり「入れ歯」であり、現在その材料はセラミックス材料、レジン材料(プラスチック材料)や金属が用いられています。セラミックス材料は化学的に安定で硬く、食物の粉砕能力の維持に優れています。また、他の材料に比較して天然歯に類似した色調を再現することができ、変着色も少なく、長期にわたって口腔内で審美的に機能することができる優れた材料として広く利用されています。

セラミックス歯根

最近、義歯としてインプラントを用いることが多くなっています。インプラントは、入れ歯形成のために歯肉内に埋め込む人工の歯根とそれにかぶせる人工の歯冠殻でできています。

人工歯根にはいろいろな材料が試されてきましたが、満足行く結果はなかなか得られませんでした。

現代の人工歯根はチタンという金属が骨とのなじみがよいことが発見されたことに始まります。その後、チタンより骨とのなじみが

●インプラント

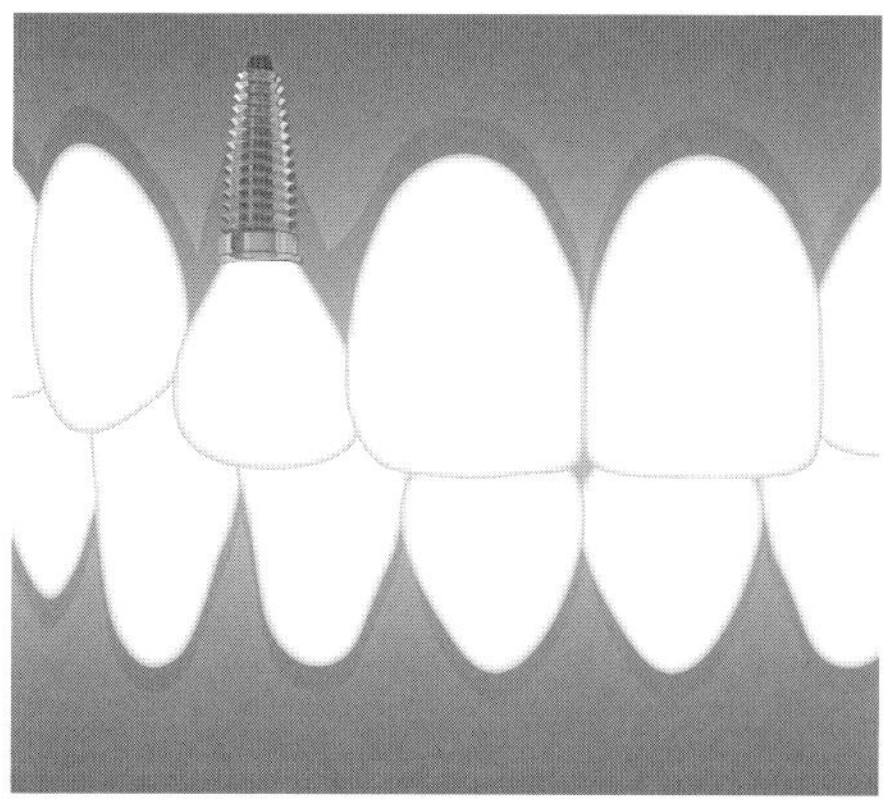

良いセラミックスの研究が行われ、現在では、アルミナやハイドロキシアパタイトという骨の成分と同じもので作ったセラミックスが広く治療に用いられています。

接着歯

歯の表面に、薄く、天然歯のような透明感があるセラミックス製の接着歯(ラミネート)を接着するものです。これによって歯の表面を白くしたり、歯の隙間を埋めたり、欠けた前歯の形を整えたりすることができます。セラミックスは強いので、歯の表面のエナメル質層を0・3〜0・5㎜程度削るだけで済み、歯茎との境目の部分を薄く出来るので接着したことがわからないほど、自然な仕上がりが得られます。

Chapter.8 ファインセラミックス

ファインセラミックスとは

セラミックスは人類とほぼ同じだけの歴史を持った古い素材です。一般にセラミックスは、硬くて耐熱性、耐食性、電気絶縁性などに優れています。

ファインセラミックスは、このようなセラミックスの性質を更に向上させ、その上、これまでのセラミックスに無かった機能までを付加しようとの意図のもとに、最近になって開発された新規のセラミックスです。

その機能は機械的なものに留まらず、電気的、電子的、光学的、化学的、生化学的機能など多岐にわたっています。そのため、今日では半導体や自動車、情報通信、産業機械、医療などさまざまな分野で活躍しています。

ファインセラミックスの原料

陶磁器などのオールドセラミックスとファインセラミックスの違いは、主に原料とその製造法に起因します。

オールドセラミックスは陶石、長石、粘土など、天然の鉱物をほぼそのまま粉砕混合し、水で練って土とし、それを成形して、炉で焼成することで作られます。

それに対してファインセラミックスは、天然原料を用いる場合には、それを高度に精製した物、あるいは化学的プロセスにより合成した人工原料、更には天然には存在しない化合物などを使います。

これらの原料を各種調合することによって、目的とする性質を持つ物質を得ることができるのです。また、調合された原料は、

●ファインセラミックスの包丁

精密に成形され、厳しい温度管理と時間管理の下で焼成され、焼きあがった後も、研削など、精密に制御された複雑な工程を経て、高度な寸法精度、かつ高機能を備えた高付加価値製品となります。

ファインセラミックスの製法

ファインセラミックスの原料は、粉砕されて無機質の固体粉末となります。この場合、原料の純度はもちろん、粒子径、粒子分布などが高精度に制御されます。この段階の精度がそのまま製品の精度、品質、機能に反映されることになります。

用途に合わせて調合した原料は、さらにバインダーと呼ばれる有機高分子の粘結剤と混合されます。混合された原料は金型などに入れられて設計通りに精密成形や切削加工が施され、厳密に温度制御された焼成炉によって高温で焼かれます。

この焼成の過程で、原料に含まれる水分や有機物のバインダーが取り除かれます。さらに加熱することにより、粉末粒子同士が融合し、空隙が減少して焼き固まり、緻密で非常に硬い製品ができあがるのです。

ファインセラミックスの原料

ファインセラミックスには、アルミナやジルコニア、炭化ケイ素、窒化アルミニウムなど、いろいろな種類があります。製造技術が進化し、使用する原料の種類や粒子の細かさ、焼き方などを変えることで、それぞれ違った特性を持たせることができます。主な原料は次の物です。

アルミナ Al_2O_3

宝石のサファイアやルビーと同じ物であり、ファインセラミックスの代表として広く利用されています。機械的強度、電気絶縁性、高周波損失性、熱伝導率、耐熱性、耐摩耗性、耐食性に優れています。

ジルコニア ZrO_2

高い強度と靭性をもったファインセラミックスです。従来は不可能とされていた刃物(ハサミや包丁など)にも利用されています。単結晶は屈折率が大きくダイヤモンドのような輝きが得られることからキュービックジルコニア等の名前で宝飾品、特にダイヤモンドのレプリカにも利用されています。

窒化ケイ素 Si_3N_4

高温における強靭性、耐熱衝撃性に優れ、軽量で耐食性も高いため、エンジン

●ジルコニア

など高熱になる部材に最適です。

炭化ケイ素 SiC

天然には存在しない人工化合物で、珪砂と炭素から合成されます。高温（1500度）まで強度が持続するほか、軽量で耐食性も高く、耐熱材料として優れています。

コーディエライト $2MgO \cdot 2Al_2O_3 \cdot 5SiO_2$

三種類の酸化物が集まった複合材料です。特に低熱膨張であるので耐熱衝撃性に優れています。ハニカム担体などの多孔質材料、電熱器耐火物、化学工業用装置材料などに用いられます。

フェライト $M^{2+}O \cdot Fe_2O_3$

ファインセラミックスの磁性体です。透磁率が高く、電気抵抗が大きく、耐摩耗性に優れているので磁気ヘッドや高周波用磁芯として広く用いられています(Mは2価陽イオンになれる適当な金属元素)。

チタン酸バリウム $BaTiO_3$

ファインセラミックスの中でも高い誘電率を持ち、電気をためる性質に優れているため、主にコンデンサ部品の材料に使われます。添加する元素により誘電性が大きく変化します。

チタン酸ジルコン酸鉛 $Pb(Zr \cdot Ti)O_3$

電気信号を加えると振動したり、反対に振動を電気信号に変える働きを持つ圧電材料です。この特性(圧電性)を生かし、さまざまな電子部品(セラミック発振子、セラミックフィルタ、ピエゾ素子など)に使われています。

フォルステライト $2MgO \cdot SiO_2$

マイクロ波の損失が小さく、高温の絶縁性にも優れます。表面が平滑であり、電子管部品、回路部品基板などに用いられます。熱膨張係数が大きく、金属やガラスと接合させやすいことも特長です。

ジルコン $ZrO_2 \cdot SiO_2$

熱膨張係数が小さく、耐熱衝撃性に優れるため、耐熱部品、巻線抵抗ボビン、電子管部品などに用いられています。単結晶は風信子石の名前で宝石になっています。

ムライト $3Al_2O_3 \cdot 2SiO_2$

耐熱性および耐熱衝撃性に優れ、特にクリープ特性が良好な優れた耐熱材料です。熱膨張係数が半導体シリコンチップに近いことも特徴です。

ステアタイト $MgO \cdot SiO_2$

電気的、機械的特性は通常の磁器より優れており、機械加工性も良好です。

窒化アルミニウム AlN

熱伝導率が高いので、放熱性が求められる半導体部品のパッケージ材料などに用いられています。

ファインセラミックスの種類

ファインセラミックスには色々の種類があります。主に機能の面から、セラミックスの種類を見てみましょう。

圧電セラミックス

圧電の作用によって、結晶がひずむ性質をもつセラミックスです。機械的エネルギーと電気的エネルギーとの相互変換に利用されます。代表的な圧電体にはペロプスカイト型構造の$BaTiO_3$、PZT、水晶などがあり、超音波振動子、アクチュエーターなどに利用されます。

イオン伝導セラミックス

電荷担体がイオンである伝導性セラミックスです。固体電解質セラミックスともいいます。Na^{+}伝導のβ-アルミナやO^{2-}伝導のジルコニアがよく知られています。

サーメット

セラミックスと金属との複合材料です。一般的なものに周期律表の4、5、6族遷移金属の炭化物をニッケル、コバルトを主とする金属で結合した焼結硬質合金があります。

焦電セラミックス

電気的自発分極をもつために、外部電場を加えなくても、温度を変化させるだけでその表面に正負の電荷を発生する性質(焦電性)をもつセラミックスです。温度センサ、赤外線センサなどに利用され、代表的なものにはPZTがあります。

磁性セラミックス

酸化鉄を主成分とする自発磁化をもつセラミックスです。代表的なものに、軟磁性体のスピネル型、ガーネット型及び硬磁性体のマグネトプラムバイト型構造の化合物があります。

赤外線放射性セラミックス

赤外線（約0・75〜1000マイクロメートル）を多く放射するセラミックスです。特に遠赤外線（波長2〜30マイクロメートル）を放射するセラミックスは工業加熱に利用され、MnO_2、Fe_2O_3、CuO、CoOなどを添加したコージェライトやチタン酸アルミニウム、炭化ケイ素などがあります。

炭化物セラミックス

物質を構成する主要構成成分の非金属元素が炭素から成る化合物によって構成されるセラミックスです。炭化ケイ素SiCが代表的です。

多孔質セラミックス

気孔率が大きいセラミックスです。閉気孔を含むものは断熱材、軽量骨材などとして用いられ、開気孔を含むものは吸着材、触媒単体として用いられます。

超伝導セラミックス

ある温度以下で電気抵抗がゼロになり、同時に反磁性を示す性質をもつセラミックスです。R-Ba-Cu-O系（R：希土類元素）、Bi-Sr-Ca-Cu-O系、Tl-Ba-Ca-Cu-O系などの酸化物があります。これらの酸化物は、従来の金属超伝導材料に比べ著しく高い臨界温度をもちます。

透光性セラミックス

透光性に優れたセラミックスです。アルミナや(Pb・La)(Zr・Ti)O_3、Y_2O_3-ThO_2、$MgAlO_4$などの酸化物系のほか、窒化物、炭化物及び硫化物系セラミックスにも透光性をもつものがあります。

バイオセラミックス

生体親和性がよく、人工骨、人工関節、人工歯根などとして用いられ、生体内に埋め込まれて使用されるセラミックスです。生体内で不溶性で安定な生体不活性なものと、分解、析出、反応などを起こす生体活性なものとがあります。

フェライト

狭義には亜鉄酸エ$_{2}$$Fe_{2}O_{4}$の金属塩を指していましたが、最近では鉄を含む複合酸化物の総称となっています。結晶構造によって、①スピネル型$MFe_{2}O_{4}$、②ペロブスカイト型$MFeO_{3}$、③ガーネット型$M_{3}Fe_{5}O_{12}$、④マグネトプラムバイト$MFe_{12}O_{19}$に分類されます。磁性材料として重要です。

誘電セラミックス

電気抵抗の高い材料を電場下に置くと、その材料中の種々の電荷担体が元の位置

●フェライトクランプ

からごくわずかだけ移動し、正負両電極が互いに逆方向へ片寄って生じる分極を利用した機能をもつセラミックスです。

りん酸ガラス

主に酸化リンによって網目状構造が形成され、網目修飾イオンとしてカルシアやアルカリなどを含有するガラスです。カルシア－酸化リン系の結晶化ガラスは生体活性ガラスとして実用化が進められています。Ndをドープした、りん酸塩ガラスは、レーザー損傷に強く核融合用レーザガラスとして有望とされています。

除菌・洗剤・化粧品とのコラボレート

セラミックスの工業的利用は先に見ましたので、ここでは違う視点からセラミックの応用例を見て見ましょう。

除菌・殺菌作用

セラミックスに除菌・殺菌作用があるというと、なにやらセラミックスの万脳能力の一端を垣間見たような気になりますが、残念ながらセラミックスにそんな能力はありません。

このような能力があると言われるのは、多孔質で良く知られたセラミックスです。そして、表面にヨウ化銀AgIなどを用いて銀イオンAg^+をコーティングしているのです。銀Ag、銅Cu、アルミニウムAlなどに除菌・殺菌作用があることは良く知られています。

つまり、セラミックスの抗菌作用はセラミックス本体によるものではなく、そこに付着している金属イオンのせいなのです。この場合のセラミックスの働きを担体と言います。

担体は多孔質で表面積が広いほど、金属イオンを広げることでき、菌と金属の触れ合う機会を増やすことができます。冷蔵庫の脱臭剤の働きと同じことです。

ちなみに金属イオンは菌のタンパク質を構成するアミノ酸のイオウ原子Sに結合し、タンパク質のS-S結合を切断します。この結果タンパク質は立体構造を保持できなくなり、生命活動に必須の酵素作用を喪失し、死滅することになるのです。

食品の不純物除去

清酒、発酵調味料、みりんなどの液状食品中に含まれるたんぱく質などは製品の保管・流通過程において滓(おり)となって沈殿し、不良品の原因となることがあります。現在、これら不純物の除去のためには「加熱」、柿渋やゼラチン等による「滓下げ(おりさげ)」と「ろ過」が行われています。

滓下げにはゼラチンを使用するのが一般的でしたが、ＢＳＥ（牛海綿状脳症）の心配やアレルギー物質であることから使用しない方向にあります。また、ろ過剤として使用するセライト、活性炭等は製品の異臭や廃棄物を発生することから、環境問題をはらんでいます。

ところがセラミックスのあるものは清酒や醤油中のタンパク質を特異的に吸着することがわかりました。このタンパク質吸着機能を有するセラミックスを利用することにより、液状食品中のタンパク質を選択的に吸着・除去できると考えられます。

化粧品

化粧品のようにソフトでデリケートな物と、硬くて頑丈なセラミックスでは出会いの機会は無いように見えますが、思わぬところに機会はあるものです。

❶紫外線防止剤

日差しの強いシーズンに、女性にとって欠かすことのできないのが紫外線を通さない化粧品です。

なぜ、紫外線が肌まで届かなくなっているのでしょうか。実は化粧品の中には花びら状に合成された酸化亜鉛ZnOセラミックスが含まれているのです。この形をした酸化亜鉛粒子が含まれることで、肌への化粧品ののりがよくなり、効率的に紫外線を反射散乱してくれるので、紫外線による肌へのダメージを防いでくれます。また洗顔によって落としやすいことなどの特徴もあり、肌に優しく使いやすい化粧品となっているのです。

❷ 機能性向上

シリカで作った微小な真球状の機能性セラミックスは、球状による高いすべり性によって感触をよくするだけでなく、表面に小さい穴がたくさん空いているので光を散乱させてくれます、そのせいで、肌のシワをぼかしたり、透明感を演出する効果もあると言います。その他にも、皮脂や汗によるベタ付き感を抑え、さらさら感を向上させることができると言います。

生体とのコラボレート

怪我や病気によって骨や関節に被害を受けた場合、最終的には害を受けた部位を人工品で交換することになります。この様な場合、以前は金属製品が用いられましたが、現在では、もっぱらセラミックスが用いられています。

人工骨補填材料

事故や病気で失った骨を補てんする材料です。

❶使用後も体内に残るもの（焼結アパタイト、アルミナ、ジルコニア等）

私たちの骨の無機質主成分は水酸アパタイトというリン酸カルシウム系化合物です。この物質を化学合成し、人工骨として使用するものです。この人工骨は組成が生体の骨と同じであるため、骨組織と直接結合するという特徴を持っています。

❷ ヒトの骨と自然に置き換わるもの

高純度β-リン酸三カルシウム原料の粉末に界面活性剤および気泡安定剤を加えて焼成します。製造した多孔体は、連通する100-400㎛のマクロ気孔およびミクロ気孔を持つことが特徴です。

生体内で永久に残存するハイドロキシアパタイトからなる人工骨補填材料と比較し、β-リン酸三カルシウムは自家骨に置換する性質を持つため、特に、幼少期の骨疾患患者に対して、成長変化に対応できるというメリットがあります。

自家骨に比べ、マクロな気孔を持つため血流も良く、通常血流が悪いとされる大きな骨欠損部への適応も可能であり、今後大きな可能性が広がるものと期待されています。

骨ペースト

半骨折部分に塗り固めて修復する、生体骨となじみの良いペースト状でセメントタイプの材料です。

生体活性骨ペーストは、主にリン酸カルシウム系の粉体と水系の硬化液を混練し、粘土状あるいはペースト状にしたものです。人体の骨欠損部や骨折部に補填、硬化させる、セメントタイプの骨修復材です。粘土状、ペースト状であるため、複雑な形状の骨欠損部に補填できます。混練後、粉体と硬化液が反応・硬化し、体内で低結晶性のヒドロキシアパタイトに変化するため、生体と馴染みが良く骨と直接結合するというメリットがあります。

人工関節

関節がこわれても、セラミックスで人工の関節を作って、元のように治すことができます。

人工関節は、現在広く受け入れられています。しかし、人工材料の耐久性は永遠ではありません。関節は荷重を支える、運動を可能にするという2つの大きな機能を担っています。人工関節ではこのような荷重・運動により擦り減ることが耐久性の限界を決定する因子となります。したがって、擦れても容易に擦り減らない材料が求められます。

従来、金属と樹脂の組み合わせであった人工関節に対し、現在はセラミックスの低摩耗性を活かしたアルミナと樹脂の組み合わせの人工関節が実用化され、摩耗の低減に貢献しています。

Chapter.9
将来のセラミックス

エネルギーとセラミックス

現代社会はエネルギーの上に成り立っています。現在のエネルギーの大部分は化石燃料に依存しています。ところが化石燃料は残り少なくなっており、その上、地球温暖化、酸性雨などの問題も生じています。それを見て政府は2050年には二酸化炭素排出量を0にすると世界に宣言しました。

そのようなことが可能なのでしょうか？　原子力発電を大量導入すれば簡単に実現するでしょう。しかしそれは困難です。それではどうしたら良いのでしょうか？

熱とエネルギー

金属を加熱すると金属イオンの熱振動が激しくなるので金属の自由電子は動き難くなります。しかし、半導体の伝導性を担う電子は自由電子ではありません。この様な電子は加熱されると運動エネルギーを得て動きやすくなります。

半導体の一端を加熱するとそこの電子は動きやすくなって、他端の冷たい側に移動します。この結果熱い側が＋、冷たい側が－に帯電します。両者を導線で結べば電流が流れてランプが点灯します。つまり発電が起こっているのです。これをゼーベック効果と言います。

この効果を利用すれば、現在は不要のエネルギーとして棄てられている発電所の温排水のような小さい温度差の熱エネルギーをも有効に使うことができます。セラミックス半導体はこの様な熱電材料として活躍することが期待されています。

光とエネルギー

光エネルギーを直接電気エネルギーに換える物と言えば太陽電池です。太陽電池は半導体の塊です。つまり価電子の多いn型半導体と価電子の少ないp型半導体を重ね、その合わせ目(pn接合面)に光を照射すると電子がn型半導体の方に移動し、n型半導体が－、p型半導体が＋に帯電します。これを導線で結べば電流が流れてランプが点灯するというわけです。

この電極や反射板には既にセラミックスが使われていますが、将来半導体部分にもセラミックスが使われることが期待されています。

水素とエネルギー

チタンを含むセラミックス半導体は光触媒として知られています。光触媒に光を照射すると価電子帯の電子が伝導帯に移動します。水はわずかですが水素イオンH^+と水酸化物イオンOH^-に電離しています。H^+は伝導帯の電子を受け取って還元されて水素分子H_2になります。

一方、OH^-は価電子帯に電子を渡して酸素O_2と水素に分解します。この様にして光触媒は太陽光エネルギー

●熱と光のエネルギー

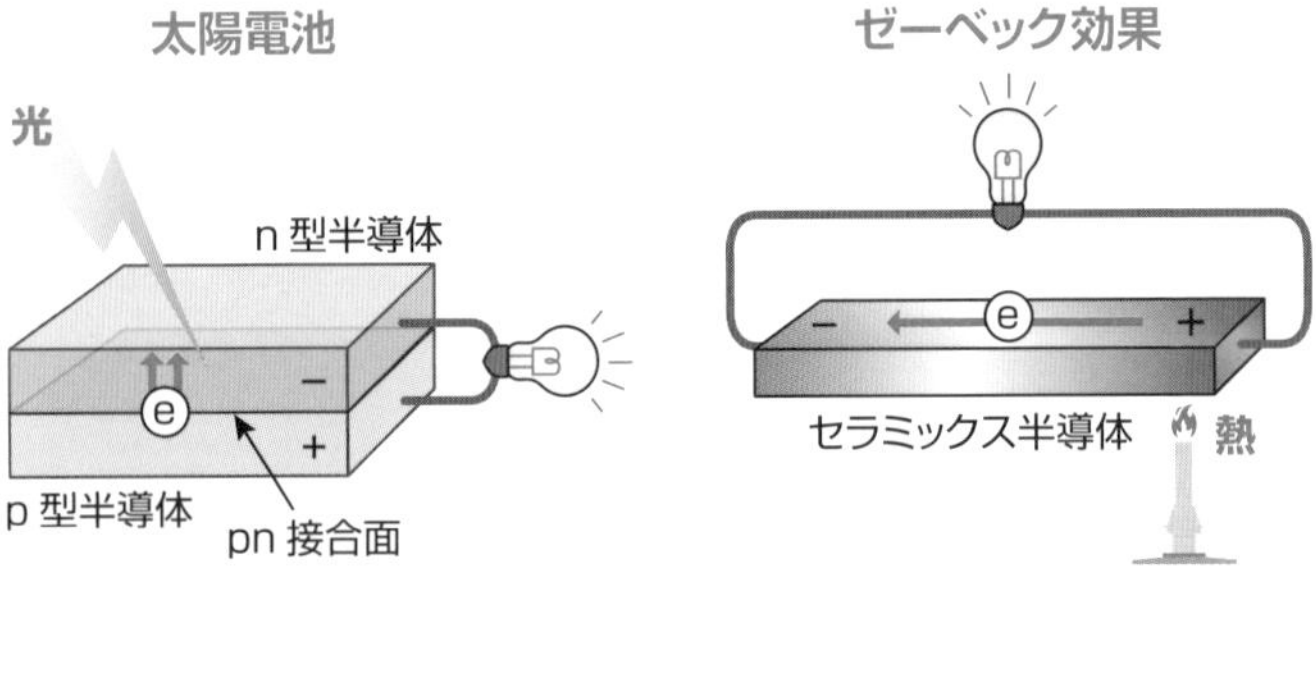

太陽電池

光
n 型半導体
e
−
+
p 型半導体
pn 接合面

ゼーベック効果

−
e
+
セラミックス半導体
熱

を使って水を分解して水素ガスを発生することができます。水素は、現代科学の目から見るとエネルギーの塊です。わかりやすい例は水素燃料電池です。

水素燃料電池は水素と酸素を反応させる、つまり水素を燃やすことによって発生するエネルギーを電気エネルギーにかえる装置なのです。この電池で大切なのは電極と電子を運ぶ電解質です。この全ての部分でセラミックスが利用されています。

●水素燃料電池

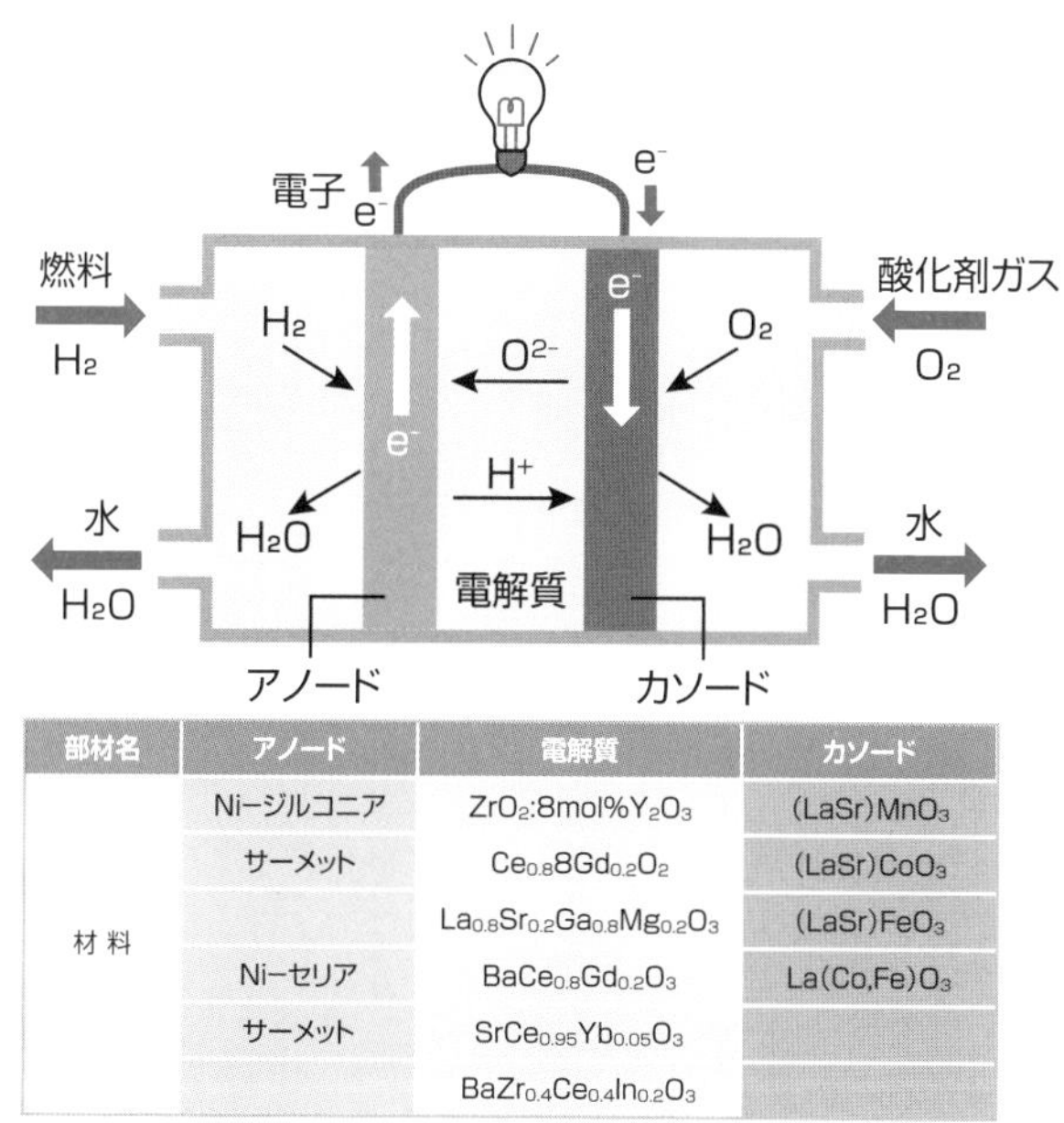

部材名	アノード	電解質	カソード
材 料	Ni−ジルコニア	ZrO_2:8mol%Y_2O_3	(LaSr)MnO_3
	サーメット	$Ce_{0.8}Gd_{0.2}O_2$	(LaSr)CoO_3
		$La_{0.8}Sr_{0.2}Ga_{0.8}Mg_{0.2}O_3$	(LaSr)FeO_3
	Ni−セリア	$BaCe_{0.8}Gd_{0.2}O_3$	La(Co,Fe)O_3
	サーメット	$SrCe_{0.95}Yb_{0.05}O_3$	
		$BaZr_{0.4}Ce_{0.4}In_{0.2}O_3$	

宇宙で作るセラミックス

今後、宇宙は益々近いものになるでしょう。長い間中断されていた月面着陸も再開されそうで、次は月面での長時間滞在となることでしょう。宇宙は地球と色々の面で異なっています。地球では実現しない条件での物質合成も可能になるでしょうし、地球では入手できない原料が入手できる可能性もあります。

宇宙空間でのセラミックス合成

重力の無い宇宙空間では全ての物が宙に浮きます。液体も球状になって浮きます。この様な空間でセラミックスを作るには静電浮遊炉を用います。これは静電気を使って物質の位置を制御して加熱する装置です。

地球で焼結するのと違って原料をルツボなどに入れる必要がありません。そのため、るつぼの成分などの不純物がセラミックスに加わわる心配がありません。純粋組成のセラミックスを作ることができます。これは研究にとって非常に重要なことです。

ダイヤモンドのプラズマ合成

宇宙空間では全ての原子は原子核と電子に分離したプラズマ状態で存在します。1966年にロシア（当時ソビエト連邦）に落下した隕石中にダイヤモンドが在ることが発見されました。ということはプラズマ状態の炭素原子からダイヤモンドが生成した可能性があります。

ということで開発されたのがダイヤモンドのプラズマ合成法です。現在、薄膜ダイヤモンドの合成法として実用化されています。今後ＩＣ基盤などとして需要が高まることでしょう。また、既存の組成のセラミックスもプラズマを利用した合成法で合成したら、より優れた機能を持つセラミックスに変貌する可能性があります。

月でのセラミックス合成

将来、月での長期滞在が行われたら、建築資材などの重くて大きな物体を地球からロケットで運ぶのは現実的ではありません。その様な物は月に在る原料を用いて月で製作した方が便利で安価で現実的です。

月の表面はレゴリスと呼ばれる特有の砂で覆われています。レゴリスの粒径は数十㎛で地球の砂より遥かに小さく、成分はSiO_2、TiO_2、Al_2O_3、FeO、MgO、CaOなどとセラミックスの原料としてお馴染みの物ばかりです。

これらを利用して静電浮遊炉で作ったセラミックスがどのような性質を示すのか、楽しみなところです。もしかしたら、高い運搬費をまかなって地球に運ぶほどの価値のあるセラミックスができるかもしれません。

再生医療とセラミックス

セラミックスが人工骨として特に人工関節などにされることは先に見た通りですが、再生医療でもセラミックスは活躍しそうです。

再生医療とは、骨や臓器を人工的な手段で再生する医療です。細胞を再生するためには、次の三つが必要です。

❶再生したい細胞
❷再生のための足場になる材料
❸シグナル

シグナルはタンパク質や薬剤のような、細胞を刺激する物質です。足場材料、多くの細胞は何かに接着していないと増殖しないため、細胞を繋ぎとめるための文字通りの足場です。足場材料に求められる条件は「細胞が良く接着する」「組織伝導を阻害しない」「用が済んだら消えてなくなる」です。

そして人工材料で、この条件を満たすのはリン酸カルシウム系のセラミックスと言うことになります。

この足場材料の上に患者から採取した造骨幹細胞を撒いて、シグナルを含む細胞培養液で培養します。すると骨芽細胞が発生し、やがて骨細胞が増殖を始めます。これを患部に移植するのです。すると移植された人工骨が自ら増殖して患部を補てんするという仕組みです。

これは薬剤を用いない治療法ということができます。この様な治療法が応用できるのは骨だけではありません。筋肉、肝臓、色々の臓器にも応用できます。今後、10年で、消失の速い足場材料としてのセラミックスの登場が待たれるところです。

夢の常温超伝導体

金属の伝導度は低温になると上昇します。そしてある温度、臨界温度に達すると突如伝導度∞、電気抵抗0という超伝導状態になります。この状態ではコイルに抵抗なし、つまり発熱なしに大電流を流すことができるので超強力な電磁石、超伝導磁石を作ることができます。

超伝導磁石はリニア新幹線で磁石の反発で車体を浮かせるとかの産業界は勿論、研究界でも無くてはならない物になっています。

ところが、大きな問題があります。それは臨界温度が非常に低いということです。現在、実用的な超伝導磁石の臨界温度は絶対温度10K以下という極超低温です。これは液体ヘリウムがなければ実現不可能な低温です。

ところがヘリウムはアメリカ、カタール、ロシア等限られた国でしか産出せず、日本は60％をアメリカ、30％をカタールから輸入しています。もし、この輸入が途絶えたら産業も研究も大変な事になります。そのため、臨界温度を上げようとの研究が行われています。せめて液体窒素の沸点(78 K、マイナス195度)まで上げることができれば、液体窒素を使って超伝導状態を作ることができます。

　しかし、長い懸命な努力にもかかわらず、臨界温度は10〜20 Kの低温をさまよっていました。

　ところが1986年、突如ブレークスルーが起きました。臨界温度が100Kに達したのです。それから10年ほどの間に臨界温度は、うなぎのぼりに上昇し、現在では160Kを越えています。液体窒素温度どころではありません。

●超伝導素材の臨界温度

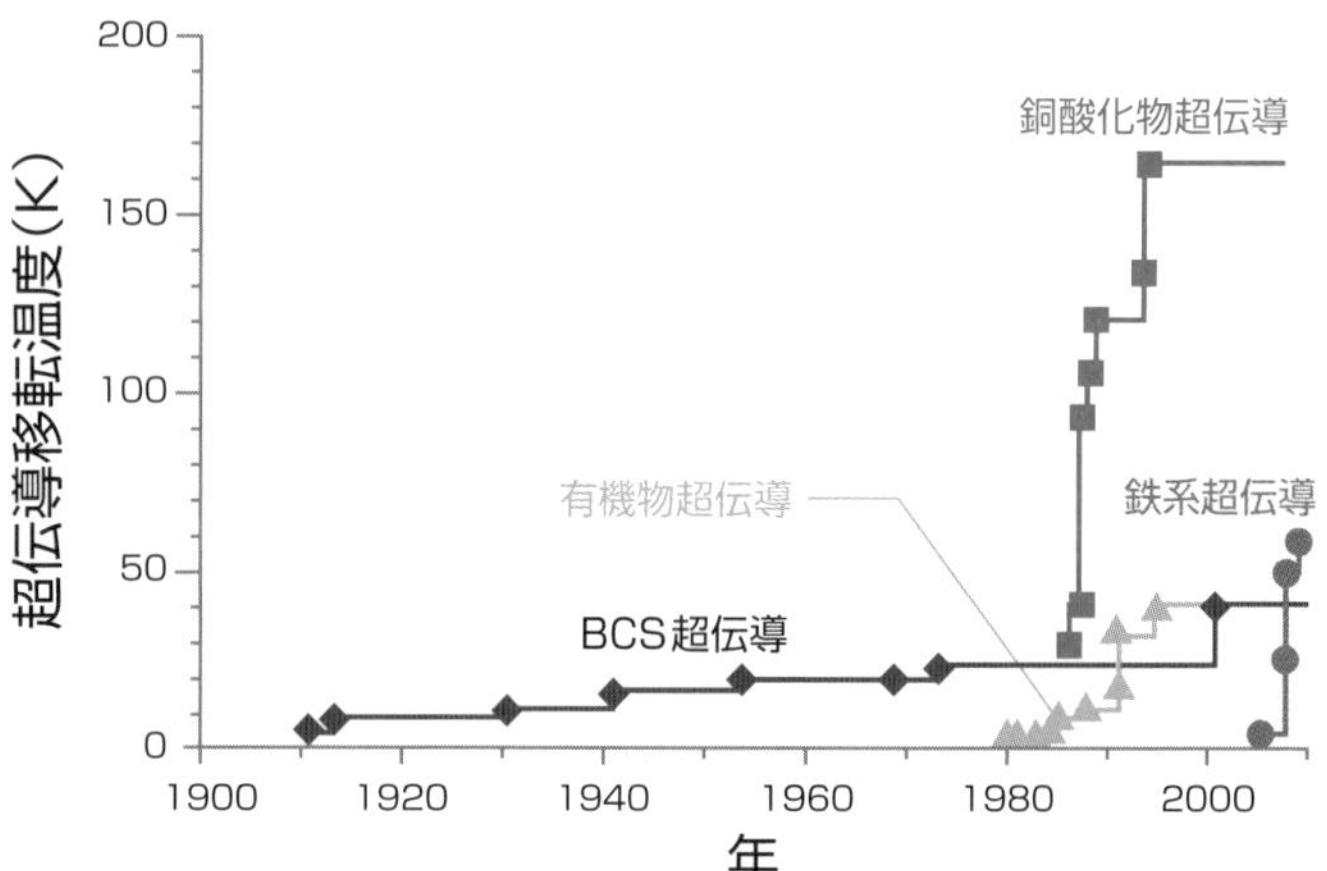

それでは、液体窒素で超伝導磁石が発現するのかというと、残念ながらそうは問屋が卸してくれませんでした。これらの高温超電導体は銅の酸化物を中心に何種類かの金属酸化物を混ぜて焼結したセラミックスだったのです。

セラミックスではコイルになりません。ということで、超伝導磁石を使うには相変わらず液体ヘリウムが必要なのです。何とかならないものでしょうか？　それには、セラミックスでコイルを作る技術、あるいはコイルになるセラミックスの開発です。現在、中国を中心に鉄系の高温超電導体の研究が進んでいます。臨界温度が70 Kを越えたとか言う話も聞こえてきますので、近いうちに液体窒素温度を越えるのかもしれません。

そうなったら晴れてコイルを作り液体窒素で超伝導状態を研究することができるようになることでしょう。

常識はずれのセラミックス

セラミックスと言えば硬くて強直と言うのが常識です。この常識を覆すようなセラミックスは出てこないものでしょうか?

柔軟性のあるセラミックス

天然物にコンニャク石という鉱物があります。石のくせに棒状にして力を加えると曲がるのです。それを人為的に再現したとでも言えば良いでしょうか。

ポイントはセラミックスの粒子と粒子の間、つまり粒界にマイクロクラックのような隙間を導入することです。一方、粒子にはパズルのように凹凸をつけ、互いに絡み合うようにします。すると粒子は隙間を開閉して動く自由度を得ますが、絡み合って居るので外れることはありません。この結果セラミックスはコンニャク石のようなソフトな構造になるのです。このセラミックスは、熱膨張の大きく異なる2種類の物質を混合焼結することにより、または、チタン酸アルミニウムのような結晶軸方向に大きな熱膨張異方性を有する結晶を焼結することにより、作製することができました。

性質は重しを乗せるとたわみ、取ると元に戻り、トンカチで叩くと少し潰れます。木材のようにノコギリで切ることができ、釘が刺さります。このセラミックスを建材に用いたらセラミックスとしての優れた耐火性・断熱性を有し、同時に力が加わっても緩和されて破壊せず、衝撃や熱衝撃にも強い新しい材料として活用されることが期待されます。

液体セラミックス

生コンクリートが液体セラミックスの例でしょうが、コンクリートの硬化は不可逆です。熱によって可逆的に硬軟を繰り返すセラミックスはできないものでしょうか?

セラミックスも加熱すれば融けて液体になるでしょうが、1000度、2000度という高温で液体になってもあまり使い道はありません。せめて数百度の温度で融ける低融点セラミックスは出来ない物でしょうか？　できたら熱可塑性高分子（プラスチック）と同様に、加熱して液体になったところで型に入れて成形し、放冷して完成と、製作が楽になります。

セラミックス溶液

液体セラミックスができたら次はセラミックス溶液です。泥しょうがセラミックス溶液の例と言うこともできるでしょうが、泥しょうは疎水コロイドであり、安定性が悪く、直ぐに沈殿硬化してしまいます。

原料にヒドロキシ基を大量に導入し、低温焼結で作ったら、粒子表面にヒドロキシ基が残り、水和性が出るのではないでしょうか。そうなったら溶液は親水コロイドになり、安定なコロイド溶液を作ることが期待できるかもしれません。

セラミックスゴム

最後はセラミックスゴムです。このヒントは有機物のゴムにありそうです。ゴムの分子は長い繊維状の分子です。普段は各分子が一番無理のない状態、つまり適当に丸まっています。ところが塊の両端を引っ張ると、丸まっていた分子が伸びて長くなり、更に引っ張るとそのままズルズルと伸びてちぎれてしまいます。これがガムです。

しかし、これにイオウSを加えるとイオウ原子がゴム分子の間に橋を架けるように結合して架橋構造を作ります。こうなると、繊維は離れることができなくなるので、元に戻るというわけです。

この原理をセラミックスに応用することはできないでしょうか？　炭素繊維や炭化ケイ素繊維をセラミックスとするなら、あながち可能性は無くも無いように思えます。繊維構造のところどころに異原子を挿入することで格子欠陥のような物を作って繊維分子を曲げてやれば、曲がった構造になるのではないでしょうか？　架橋構造をつくるのは適当な放射線でも照射してやれば、適当な所でくっつくことでしょう。

まだまだアイデア次第でいろいろなセラミックスを考えることは出来そうです。セラミックスは楽しいです。皆さんもセラミックの世界に飛び込んでみてはいかがでしょうか？

さ行

た行

英数字・記号

あ行

か行

ま行

や行

ら行

な行

は行

■著者紹介

齋藤　勝裕（さいとう　かつひろ）

名古屋工業大学名誉教授、愛知学院大学客員教授。大学に入学以来50年、化学一筋できた超まじめ人間。専門は有機化学から物理化学にわたり、研究テーマは「有機不安定中間体」、「環状付加反応」、「有機光化学」、「有機金属化合物」、「有機電気化学」、「超分子化学」、「有機超伝導体」、「有機半導体」、「有機EL」、「有機色素増感太陽電池」と、気は多い。執筆暦はここ十数年と日は浅いが、出版点数は150冊以上と月刊誌状態である。量子化学から生命化学まで、化学の全領域にわたる。更には金属や毒物の解説、呆れることには化学物質のプロレス中継?まで行っている。あまつさえ化学推理小説にまで広がるなど、犯罪的?と言って良いほど気が多い。その上、電波メディアで化学物質の解説を行うなど頼まれると断れない性格である。著書に、「SUPERサイエンス 鮮度を保つ漁業の科学」「SUPERサイエンス 人類を脅かす新型コロナウイルス」「SUPERサイエンス 身近に潜む食卓の危険物」「SUPERサイエンス 人類を救う農業の科学」「SUPERサイエンス 貴金属の知られざる科学」「SUPERサイエンス 知られざる金属の不思議」「SUPERサイエンス レアメタル・レアアースの驚くべき能力」「SUPERサイエンス 世界を変える電池の科学」「SUPERサイエンス 意外と知らないお酒の科学」「SUPERサイエンス プラスチック知られざる世界」「SUPERサイエンス 人類が手に入れた地球のエネルギー」「SUPERサイエンス 分子集合体の科学」「SUPERサイエンス 分子マシン驚異の世界」「SUPERサイエンス 火災と消防の科学」「SUPERサイエンス 戦争と平和のテクノロジー」「SUPERサイエンス 「毒」と「薬」の不思議な関係」「SUPERサイエンス 身近に潜む危ない化学反応」「SUPERサイエンス 爆発の仕組みを化学する」「SUPERサイエンス 脳を惑わす薬物とくすり」「サイエンスミステリー 亜澄錬太郎の事件簿1　創られたデータ」「サイエンスミステリー 亜澄錬太郎の事件簿2　殺意の卒業旅行」「サイエンスミステリー 亜澄錬太郎の事件簿3　忘れ得ぬ想い」「サイエンスミステリー 亜澄錬太郎の事件簿4　美貌の行方」「サイエンスミステリー 亜澄錬太郎の事件簿5［新潟編］　撤退の代償」「サイエンスミステリー 亜澄錬太郎の事件簿6［東海編］　捏造の連鎖」（C&R研究所）がある。

編集担当：西方洋一 ／ カバーデザイン：秋田勘助（オフィス・エドモント）
写真：©sashkin7 - stock.foto

SUPERサイエンス
セラミックス驚異の世界

2021年2月1日　　初版発行

著　者　齋藤勝裕
発行者　池田武人
発行所　株式会社　シーアンドアール研究所
新潟県新潟市北区西名目所 4083-6（〒950-3122）
電話　025-259-4293　FAX　025-258-2801
印刷所　株式会社　ルナテック

ISBN978-4-86354-338-6 C0043